本书得到山西省高等学校人文社会科学重点研究基地项目"新时代山西创新
策略研究"（20200127）和山西省科技战略研究专项"新发展阶段科技创
进高质量发展战略研究"（202104031402014）资助

新时代山西
创新生态系统构建及
子系统耦合策略研究

张爱琴◎著

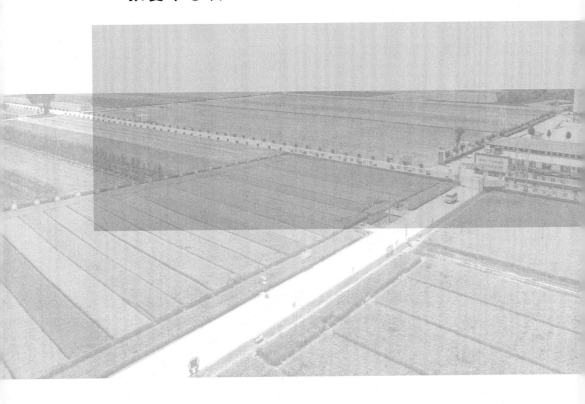

经济管理出版社
ECONOMY & MANAGEMENT PUBLISHING HOUSE

图书在版编目（CIP）数据

新时代山西创新生态系统构建及子系统耦合策略研究/张爱琴著 . —北京：经济管理出版社,2023.6

ISBN 978-7-5096-9106-9

Ⅰ.①新… Ⅱ.①张… Ⅲ.①科学技术—技术革新—研究—山西 Ⅳ.①G322.725

中国国家版本馆 CIP 数据核字（2023）第 120516 号

组稿编辑：申桂萍

责任编辑：赵天宇

责任印制：黄章平

责任校对：王淑卿

出版发行：经济管理出版社

（北京市海淀区北蜂窝 8 号中雅大厦 A 座 11 层　100038）

网　　址：www.E-mp.com.cn

电　　话：（010）51915602

印　　刷：北京虎彩文化传播有限公司

经　　销：新华书店

开　　本：720mm×1000mm/16

印　　张：16

字　　数：301 千字

版　　次：2023 年 6 月第 1 版　　2023 年 6 月第 1 次印刷

书　　号：ISBN 978-7-5096-9106-9

定　　价：78.00 元

前　言

新时代中国面临着国际国内前所未有的重大变革，既面临着外部经济全球化、多极化发展下重大国际危机和各种突发事件的冲击，也面临着维护内部政治社会稳定、经济高质量发展的严峻压力。在此背景下，顺应时代发展特征和经济建设需要，中国确立了新发展阶段下加快建设创新型国家，全面支撑新发展格局的重大部署。

创新生态系统是以生态仿生学视角对创新型国家的重要衡量标准。在国际上，以美国、英国、瑞士、芬兰、以色列等为典型代表的国家通过高度重视创新生态建设形成了持续的竞争优势，成为创新生态建设的典范模式。国内京津冀、长三角、粤港澳大湾区等地也通过打造跨区域协同创新生态，推动地区经济高质量发展。可见，对标世界一流创新生态，提升科技自主创新能力既是落实国家创新驱动发展战略，提高综合国力的战略支撑，也是发挥地区比较优势，打造区域核心竞争力的重要手段。

山西作为经济较落后的资源型地区，长期以来面临着资源型经济转型发展的压力。2017 年 9 月，国务院专门印发了《国务院关于支持山西省进一步深化改革促进资源型经济转型发展的意见》，强调山西要不断增强经济发展内生动力，加快新旧动能转换，聚焦产业转型升级。然而，山西在创新资源有限的前提下，通过何种途径促进资源型地区转型升级？怎样摆脱"资源诅咒"，以实现经济从后发追赶到高质量发展？这些都是新时代背景下推动区域均衡发展、提高区域竞争力亟待解决的问题。为此，2019 年初，山西省委、省政府提出了加快构建创新生态的发展战略，探索转型发展的"山西路径"。这是践行发展理念，立足山西现实、破解发展难题的一条可行道路。通过打造创新生态，构筑经济高质量发展的新局面、新态势，有助于实现资源经济转型发展的任务，缩小与发达地区的发展差距。

在此背景下，本书以"新时代山西创新生态系统构建及子系统耦合策略研究"为题，紧扣新时代背景特征，以系统科学思想为指导，以山西创新生态系统为研究对象，融合资源型经济转型理论、生态学理论、技术创新理论、复杂系统等相关理论和方法，首先，采取文献研究与实地调研相结合、专家咨询与群体访谈相结合、定性研究和定量研究相结合、规范研究和实证研究相结合的方法，通过文献梳理和理论溯源厘清研究脉络，运用比较分析法对国内外典型创新生态系统建设的成功经验进行分析总结，提出本书的研究问题；其次，在多视角阐述山西创新生态系统现状的基础上，分析了山西创新生态系统的运行机制，构建了创新生态系统评价体系，对我国创新生态系统耦合协调水平开展实证分析，从中得出了山西创新生态系统的竞争力现状；再次，分析了山西创新生态系统构建的现实困境，归纳提炼了山西创新生态系统构建的影响因素，运用系统动力学方法构建了山西创新生态系统影响因素机理模型，分析提出了山西创新生态系统的演化机制和演化路径；最后，对山西创新生态系统构建及其子系统耦合策略提出了具有可操作性的对策方案，并以山西省制造业为例，考察其创新生态系统发展现状和存在的问题，提出重点产业创新生态系统的运行策略，并对其他地区相关实践极具启发和参考价值。

本书的创新之处主要体现在四个方面：第一，研究视角由"创新系统"向"创新生态系统"转变；第二，构建了创新生态系统耦合协调模型，开展我国创新生态系统耦合协调实证分析，评价了山西创新生态系统竞争力水平；第三，构建了创新生态系统 SD 模型，基于 SD 模型分析山西创新生态系统运行机制；第四，分析了山西创新生态系统的演化机制和演化路径，提出山西创新生态系统的子系统耦合策略及对策。本书可为区域创新生态系统建设提供理论和实际参考。

本书在以下三个方面还需进一步完善：第一，创新生态系统的发展演化是一个长期而复杂的工程，涉及利益主体众多，与经济、资源和环境等存在错综复杂的互动关系。研究对象的复杂性及受到资料查阅的时效性、统计数据以及研究时长等其他因素的限制，必然在研究中存在一定的局限性，需在今后的工作中加强深入性和广泛性的探讨。第二，由于创新生态系统的培育和构建需要和特定地域的实际发展情况相互结合，使区域创新存在一定的"锁定效应"和"马太效应"，如何结合省情实际动态地选择合适的政策工具是本书需要进一步完善的地方。第三，对于如何形成不同创新生态种群之间的链接关系，特别是拥有众多高校、科研机构和产业集群的发达区域如何与欠发达区域形成具有多层次、强关联的跨区域创新生态系统，从而形成资源共享的模式和机制，尚未开展深入研究。

本书的研究成果为创新生态系统的构建和发展研究提供了重要的理论参考和实践价值，其视角新颖、观点鲜明、内容翔实、方法科学、兼顾实用。此外，有效解释了创新生态系统构建和发展的内涵、机制、类型和评价，并尽力扎根于中国与山西的社会文化情境，丰富和充实了中国情境下创新生态系统构建和发展的理论研究。

　　本书的出版得到了山西省高等学校人文社会科学重点研究基地项目"新时代山西创新生态系统构建及耦合策略研究"（20200127）与山西省科技战略研究专项"新发展阶段科技创新支撑我省全方位推进高质量发展战略研究"（202104031402014）的资助，并得到了许多专家学者的指导，在此表示衷心的感谢。

　　同时，感谢经济管理出版社对本书出版的支持。感谢我的研究生对本书所采用的部分资料和数据收集所做的工作。其中，第三章的材料整理工作由中北大学经济与管理学院研究生张海超完成，第五章的数据收集和材料整理工作由中北大学经济与管理学院研究生薛碧薇完成，第八章的数据收集和材料整理工作由中北大学经济与管理学院研究生吕瑶完成。中北大学经济与管理学院研究生刘章良也对部分章节内容进行了资料收集并对全书进行了校对。

　　限于作者的学识和能力，书中难免存在不足与疏漏之处，恳请广大读者提出宝贵意见。

张爱琴

2021 年 12 月

目　录

第一章 绪论

随着知识经济时代的到来和现代科学技术的进步，创新成为经济发展的推动力和时代的主流精神。与此同时，创新范式也从线性创新发展到创新系统再到现阶段的创新生态系统。如何通过创新生态系统构建促进区域经济高质量发展成为国内外学术界和政府管理者共同关注的热点课题之一。

第一节 研究背景及意义

在现代科技多学科、多技术综合发展，国际市场竞争日趋激烈，国内以创新型国家建设为发展目标的背景下，加强区域创新生态系统构建具有重要的战略意义。

一、研究背景

1. 国际创新范式变革背景

20 世纪 90 年代后期以来，世界的创新竞争格局使创新范式发生了重大变革，竞争焦点从单一科技创新转向基于国家创新生态系统的整合创新能力。无论是经济实力较强的发达国家，还是基础较为薄弱的发展中国家，都在通过国家创新战略的制定和实施培育、完善创新生态系统，抢占科技产业制高点，借以推动经济发展。正如美国信息技术和创新基金会主席罗伯特·阿特金森在《创新经济学：全球优势竞争》中所言：如果一个国家想在全球化经济竞争中脱颖而出，需要建立包括税收、贸易、人才、技术等在内的一系列支持国家创新生态系统的政策组合。

2. 中国创新驱动发展战略实施背景

党的十九大报告指出："中国特色社会主义进入了新时代，这是我国发展新的历史方位。"新时代社会的主要矛盾已经转化为人民日益增长的美好生活需要和不平衡不充分的发展之间的矛盾。因此，一方面，要努力创造物质财富，满足人们不断升级的多样化、个性化的消费需求；另一方面，要帮助落后地区与贫困地区加快发展，缩小区域发展差距，促进区域协调发展。

为了应对国内外环境的新变化和解决我国社会的主要矛盾，我国提出了深入实施创新驱动发展战略，加快建设创新型国家的战略安排。创新型国家建设意味着经济发展的目的不能再简单地追求发展速度，而是要从追求经济的高速发展转向追求经济高质量发展，要以"创新、协调、绿色、开放、共享"作为评价高质量发展的核心指导准则，要以打造创新创业的生态系统作为重要抓手。

3. 资源型经济转型背景

新时代针对资源型地区另一个重要的紧迫任务是促进资源型地区经济转型发展。2017年《关于支持首批老工业城市和资源型城市产业转型升级示范区建设的通知》以及《关于支持山西省进一步深化改革促进资源型经济转型发展的意见》等系列文件的出台，表明我国在"十三五"期间及其更长的时间内已将转变经济增长方式、提升经济发展动力作为政府层面重要的战略决策部署。然而，资源型地区在我国占地面积广泛，涉及全国28个省份以及多达262个资源型城市。长期对资源的过度开采以及产业的转型迟缓，导致部分地区陷入资源枯竭、生态环境破坏严重的困境；同时由于这些地区创新意识不强，科技投入不足，创新主体活力匮乏问题突出，极不利于经济的可持续发展和高质量发展。

资源型地区当前亟待解决的问题是如何促进各创新主体、创新要素及创新环境的良性互动，以提升可持续创新能力。创新生态建设能够通过产品、过程、组织和社会创新来解决许多经济、社会和生态问题，如全球化竞争、失业、气候变化、自然资源稀缺和社会包容（Rabelo and Bernus，2015）等，对于推动国家和区域转型升级、加快动能转换具有重要的撬动作用。因此，资源型地区面临的现实问题迫切需要通过持续优化创新生态、加快创新驱动发展来解决，而如何通过创新生态建设促进资源型地区转型发展，其生态体系构建和机制的重塑问题是各级地方政府亟待突破的重要问题。

4. 新冠肺炎疫情背景

新冠肺炎疫情的蔓延对我国经济造成了巨大冲击，加之复杂严峻的国际环境也给创新型国家建设的目标实现带来了风险与挑战。为了应对新的环境变化，中国政府提出了应对开放型经济向更高层次发展的"国内国际双循环"发展战略。双循环新发展格局的构建对创新生态建设提出了新的要求，需要重新审视"技术封锁"对创新生态系统造成的影响，打通国际国内两个市场的"双循环"难点与痛点，需要在"逆全球化"背景下继续秉持开放经济视角，催生新技术、新产品、新业态的产生，通过科技创新—供给侧改革—创造需求，推动产业链和创新链同时发展，实现经济高质量发展。

5. 山西一流创新生态打造背景

长期以来，山西作为全国重要的能源基地为国家能源安全提供了重要保障，为全国的经济发展做出了重要的贡献。然而，山西省的区域创新能力却大大落后于东部沿海地区，在中部六省份中也在低位水平徘徊。山西省一直探索转型之路但传统产业转型升级压力巨大、产业结构失衡、创新能力薄弱等问题突出，严重阻碍地区经济的可持续发展。为了实现新时期山西省委提出的建设"资源型经济转型发展示范区"、打造"能源革命排头兵"和构建"内陆地区对外开放新高地"三大战略目标，2019年山西省委、省政府确立"创新为上"的发展理念，并将"全力打造一流创新生态"作为新时期山西创新发展的目标和任务，以进一步激发山西企事业单位的创造性和积极性，提高创新能力和创新效率，开创高质量转型发展新局面。

因此，面对当前山西面临的资源型经济转型挑战和一流创新生态打造的任务和使命，迫切需要开展创新生态系统现状、评价、困境、对策的相关研究，为政府决策提供有针对性的理论支撑和实践指导。

二、研究意义

1. 理论意义

创新生态理论旨在通过企业、高校、科研院所、中介组织、创新平台、非营利性组织等进行多元主体协同和资源整合，实现社会技术范式的根本转变，其已成为提升国家、区域、行业科技创新水平，实现经济社会可持续发展的重要途径（柳卸林等，2018）。但现有针对创新资源受限的经济欠发达地区，创新生态如何培育打造的相关研究，仍处于理论框架分析和案例研究阶段，还没有形成一套成熟的理论范式。本书以生态学和可持续发展理论为视角，将创新生态建设与资源型地区转型实践相结合，探讨创新生态建设与资源型地区经济发展程度、运作情景相适应的制度匹配和创新适宜度问题。对山西创新生态系统的构建及演化问题进行探讨，对创新生态系统驱动机制进行分析，探讨资源型地区创新生态的培育机制和演化模式，并提出跃迁路径和对策，有利于从理论上明晰创新生态系统演进的动力机制，对进一步丰富创新生态理论内涵，拓展创新生态应用场景具有重要的学术价值，为欠发达地区产业空间布局战略的制定提供理论支撑。

2. 实践意义

导致资源型地区出现一系列问题的原因，固然有"资源诅咒"带来的挤出效应，但其根本原因是创新体制机制落后，以"资源驱动"而不是"创新驱动"作为经济增长的主要方式。资源型地区增强转型发展动力的关键在于培育打造良好的区域创新生态，按照创新能力调整配置要素结构，走资源节约、环境友好型的新型工业化之路（徐君等，2020）。创新生态位适宜度对创新能力、经济高质量发展存在影响效应边际递增现象（刘和东和陈洁，2021）。将创新生态系统理论应用于我国科技创新促进动能转换的实践发展之中，是应对第四次工业革命发展浪潮、攻克新一轮产业变革发展瓶颈的重要突破（薛澜等，2020）。这一观点得到了广泛认同。

因此，在资源型地区普遍面临发展瓶颈、发展脚步停滞不前的状况下，以创新生态建设为抓手是缓解资源型地区发展困境的必然选择。本书就是基于对山西创新生态建设的现实需求，剖析如何通过创新生态建设和创新生态治理，引导资源型经济实现"生态位跃迁"，对资源型地区破解创新发展难题，增强可持续发展能力具有一定的实践和指导意义。

第二节　国内外相关研究的学术史梳理及研究动态

创新生态系统作为20世纪末期出现的一种复杂环境下组织变革的生态范式，国内外学者对创新体系、创新生态等方面开展了深入的探讨，创新生态研究取得了较为丰硕的研究成果。尤其是自2012年以来，在一些创新标杆区域的示范带动作用下，国内外对创新生态系统愈加重视，研究成果直线上升。中国的创新生态系统研究热度甚至超过了国外（刘静和解茹玉，2019）。围绕本书研究主题，研究成果可以从创新生态系统的层次范式研究、创新生态系统的演化机制与模式研究、创新生态系统的战略支持与政策优化研究、创新生态系统的研究模型与研究方法、资源型经济转型相关文献综述以及文献评述六个方面进行梳理。

一、创新生态系统的层次范式研究

创新生态系统研究发端于生物学领域自然生态的思想，最先被应用到商业生态系统的研究，后来被应用到宏观层面的国家、区域创新生态系统的研究，以及微观层面对局部行业或企业的生态单元开展的研究。国内外学者已经从多重视角分析了创新生态系统的内涵、结构和范式变化，如陈健等（2016）从理论基础出发提出演化经济学、创新网络、竞争战略三个视角；Tsujimoto 等（2017）从研究对象出发将创新生态系统研究范畴总结为产业生态系统、商业生态系统、平台管理、多参与者网络四个视角。综合以上成果，本书将从国家、区域、产业、企业四个层面展开评述。

1. 国家层面

首先，"创新生态系统"作为总括性核心概念，最初的提出背景就是为了服务于美国确保竞争领先地位的国家创新战略。学者们研究了导致一国具有良好创新生态的举措和原因，并分析推广成功经验的可能性。以 Nelson（1993）、Edquist（1997）、Ormala（1999）等为代表，通过案例或实证研究的方法剖析了成熟的国家创新生态系统建设经验，为发展中国家提供借鉴和启示。Lengrand（2002）分析了形成硅谷发达创新生态系统的原因，并将对创新生态系统的重视贯彻到国家创新政策实践中。陈华（2015）借鉴美国创新生态系统建设的经验，提出了中国创新生态系统的构建策略。Sun（2019）等阐明了政府采取自上而下的政策在推动大学与产业界联系以及创业生态系统发展方面的益处和责任。总之，国家创新生态系统注重政策和制度对创新的影响，主要通过改善国家制度环境解决创新失灵的问题。

2. 区域层面

区域层面创新生态系统是在国家创新驱动发展战略指导下，从生态学视角分析区域的创新活动和过程（高山行等，2021）。区域层面创新生态研究主要围绕结构特征、动能机制、能力评价及战略支持等方面展开。譬如，以 Cooke（1996）为代表的学者，将生态学理论与区域技术创新理论相结合，认为构建区域创新网络是取得经济成功的重要方法。黄鲁成（2003）给出了区域创新生态系统的定义及动能机制，提出了区域创新生态系统的发展策略。陈畴镛等（2010）

分析了区域技术创新生态系统的小世界特征。梁林等（2020）开展了国家级新区创新生态系统韧性监测和预警的实证分析，提出了应对外部冲击和扰动的解决方案。薛澜等（2020）在将创新生态系统理论应用于推进东北地区促进动能转换的背景下，提出优化科技创新多元生态系统的政策建议。总之，创新生态系统研究从国家层面向区域层面的拓展，有助于各地区因地制宜地探索创新生态建设的新模式。

3. 产业层面

Adner 和 Kapoor（2010）认为，产业创新生态系统可以使产业间形成合理的分工体系，促进技术进步和提高产业表现，创造更多价值。国外产业层面的创新生态研究主要涵盖六个主题：即生态系统平台管理研究（Wei et al.，2020；Javier and Johan，2020）、创新主体关系研究、物质资源与环境研究、系统特征与机制研究、方法模型与框架研究、公共政策和服务设施研究（黄鲁成等，2019）。陈衍泰等（2015）分析了产业技术创新生态系统的稳定性和平衡性、开放性和耗散结构特征，研究了产业生态系统研究的动态作用机制。其他产业创新生态系研究涉及领域还包括产业联盟（王卓等，2020）、先进制造业（Reynolds and Uygun，2018）、战略性新兴产业（王宏起等，2018；许冠南等，2020）和文化产业（王霞等，2014）等，以及在产业研究基础上对产业集群创新生态系统开展了相关研究（颜永才，2013；刘鸿宇等，2015；欧光军等，2016）。

4. 企业层面

企业层面研究主要探讨高科技企业、文化创意企业等创新生态系统的特征和驱动因素。Athreye（2001）认为，高科技企业创新的路径依赖性具有生物物种生态系统之间的遗传、变异特征。Chiaroni 等（2009）发现，高科技产业的开放式创新生态系统具有开放式创新网络、组织生态结构、评价体系和知识管理系统四个关键维度。曹如中等（2010）研究了文化创意产业创新生态系统的知识传导机制、生命周期性和价值耦合特征。吕一博等（2015）以 iOS、Android 和 Symbian 的创新生态圈作为案例研究，对开放式创新生态系统运行的关键驱动因素及其成长基因进行了研究。黄海霞和陈劲（2016）对谷歌、阿里巴巴、浙大网络等的创新生态系统进行研究，探讨了创新生态系统协同创新网络的运行规律。郑帅和王海军（2021）以海尔集团为例，发现企业创新生态系统结构具有创新架构模块化、交互界面开放性、网络治理嵌入性三个重要特征，要经历"以内部研发为中心的创新体系—以产业链协同为中心的创新体系—以用户为中心的创新生态系统"三个阶段的演化路径。

总结现有国家、区域、产业、企业层面创新生态系统的研究如表 1-1 所示。

表 1-1 创新生态系统的研究层次

层次	创新范围	目的	典型案例	研究者
国家	以国家为范围形成的跨行业、跨组织、跨地域的系统	在全国范围内培育创新要素、完善创新制度与环境以提高国家竞争力	美国、瑞士、以色列等	Freeman、Nelson、Edquist、Ormala、Lengrand、陈华等
区域	以区域为范围创新活动的空间聚集	具有地域依赖性和区域差异性，强调在一定地理范围内的创新资源流动、分布如何促进区域创新生态系统形成	美国硅谷、印度班加罗尔、中国中关村等	高山行和谭静、Cooke、黄鲁成、陈畴镛、梁林、薛澜等
产业	打破地理边界，以生产关系为边界	强调系统的核心企业、供应商和消费者之间的价值联系	高铁产业以及航天业等	Ander 和 Kapoor、陈衍泰、Reynolds 和 Uygun、王宏起、许冠南等
企业	超出了企业既有的边界，以企业为核心研究对象，包括供应商、用户、合作伙伴等	优化和加强资源整合能力、内部核心能力基础和外部环境建设	IBM、苹果、微软、高通、华为等	Athreye Suma、Chiaroni 等、曹如中等、吕一博等、黄海霞和陈劲、郑帅等

资料来源：根据参考文献整理。

除按照上述范围层面对创新生态系统进行分类外，创新生态系统还有基于城市的创新生态系统（武翠和谭清美，2021）、以高科技中小企业为中心的生态系统（孙卫东，2021）、以大学为基础的生态系统（王旭燕和叶桂方，2018）等方面的研究视角。

"创新生态系统"概念建立在生态学仿生思维的基础上，经历了多次概念内涵及外延的扩充。国家、区域、产业、企业层面的创新生态系统的核心目的、核心主体和核心功能并不完全相同，但其具有共同之处：都强调系统内部主体之间的依赖关系和互补关系（Adner and Kapoor，2010，2016）。差别在于，微观层面主要目的在于构建企业与生态环境所相互影响的生态系统；微观企业个体的创新生态系统企业层面能够为企业带来创新行为；宏观层次的创新生态系统主要通过政府对创新政策的制定和创新制度的供给，形成完备的创新支持体系。微观创新生态系统是宏观创新生态系统形成和发展的基石。不同层面的创新生态系统研究既揭示了各层次创新生态系统的内在关系，也体现了创新生态系统研究范式的不断完善。

二、创新生态系统的演化机制与模式研究

创新生态系统具有动态性、生长性、环境适应性等，创新生态系统的这些属性决定了需要根据系统的不同发展阶段不断地对创新生态进行治理与重构。

关于演化动力的研究方面，Adner（2006）认为，创新生态系统本身就体现为企业成员间相互协调整合并实现价值创造的机制。演化的动力源来自外部创新环境和内部创新主体两方面（罗国锋和林笑宜，2015）。代冬芳等学者认为，开放经济下市场导向动力、科学技术推动力、政府支持动力以及国际合作动力共同推动了区域创新生态系统的演化（代冬芳和俞会新，2021）。此外，外部创新环境中的制度、技术联盟等因素会影响供应链网络；内部创新主体的结构组成、组织战略、竞争/合作关系、价值共创（杜丹丽等，2021）、动态能力等也会对创新生态系统产生影响。

关于创新生态系统的演化模式方面，经历了从简单到复杂、从低阶范式向高阶范式演进的过程。Etzkowitz等（1998）提出了"产业、高校、政府"创新组织结构的三螺旋创新模式，但鉴于合作模式单一、耦合效率低下等多种因素制约，无法有效满足各方利益需求，逐渐被其他模式所取代。Carayannis和Campbell（2010）在三螺旋创新模式基础上提出了"四螺旋""五螺旋"结构。Arenal等（2020）提出了一种用于人工智能创新生态系统定性分析的非对称三重螺旋模型（政府、行业和大学），描述了中国生态系统的构建过程、动态关系。我国学者也开展了相关研究。吴卫红等（2018）构建了"产—学—研—政和资助部门"四螺旋创新模式，动态分析各因素之间的相互影响。刘畅和李建华（2019）借鉴五重螺旋理论构建了"政府、企业、科研、用户、自然"五重螺旋创新生态系统，通过各要素间的生态互动、创新联结及知识转化等方式，形成了遗传、变异、衍生和选择等协同创新机制，从而推动了整个系统的协同升级。吴菲菲等（2020）构建了政府、企业、高校、科研机构以及科技孵化器、社会公众在内的高新技术产业创新生态系统四螺旋模式，研究系统协同创新能力。螺旋创新的动力机制框架模型已被广泛认同和采用。

关于创新生态系统的演化机制方面，Yin（2014）提出了发展机遇、竞争系数和需求偏好等在内的创新生态系统影响共生演化机制。罗国锋等（2015）明确了创新生态系统的演化动力机制包括政府、企业、用户及其他利益相关者。李其

玮等（2018）分析了产业创新生态系统知识优势从初级到高级，从简单到复杂的演化过程，从知识演化角度剖析了知识优势链的演化机制（遗传、衍生、变异和选择）和知识优势网络的演化机制（协同、共生和混合）。柳卸林和王倩（2021）通过研究发现，光伏产业围绕"发现新技术核心价值主张、建立共同愿景—开放生态系统边界—平衡企业间合作与竞争，实现利益最大化与合作共赢"形成相互关联的演化机制。

三、创新生态系统的战略支持与政策优化研究

关于政府在创新生态系统构建中发挥的作用，学者们普遍认为，在创新生态系统中，国家制度和政策是对其影响较大的外部因素之一。政府作为创新生态系统的政策创新主体，应起到正确的导向作用并提供有力的政策支持。Dougherty和 Dunne 等（2011）认为，政府可通过相应的政策为创新生态系统提供良好的发展环境和技术设施，加大创新力度促进系统内部技术创新的速度。Hardash 和Booz（2014）通过研究 NASA 对于美国航空产业发展所产生的影响，指出政府在推动产业发展的过程中具有非常重要的作用。Aguirre-Bastos 和 Weber（2018）、Reischauer（2018）肯定了创新政策对系统制度建设的正向推动作用，同时也指出其局限性将阻碍系统发挥功能。

关于创新系统的战略支持，柳卸林等（2018）主张，需要坚持创新生态系统观，加强科学决策与基础研究，进行体制机制创新、强化制度设计以适应建设世界科技强国的需要。薛澜等（2020）以黑龙江为例，认为东北地区亟须构建一个新型的多元创新生态系统，突破在体制机制、政策制度、人才储备、投融资方面的阻碍。王小洁等（2019）从厚植创新生态土壤、培植创新生态群落以及储存创新生态养分三个角度提出了构建创新生态系统、推进新旧动能转换的实现路径。此外，张贵（2016，2017）针对创新生态系统效率和高新技术产业战略选择，黄鲁成（2019）等针对高技术产业创新生态系统治理也开展了系列研究。

上述研究表明，区域创新活力不强、创新动力不足归根结底还是在于缺乏良好的创新环境，缺乏完善的创新生态体系。相关政府参与及政策优化的研究成果为解决创新生态建设中的症结和困境提供了理论借鉴。

四、创新生态系统的研究模型与研究方法

从总体来看，研究方法尽管呈现多样化趋势，但主要还是以案例研究、质性

研究方法为主。其他的研究方法还包括创新生态适宜度（周青和陈畴镛，2008）和健康度评价、共生测度模型（雷雨嫣、刘启雷和陈关聚等，2019；雷雨嫣、陈关聚和徐国东等，2019）系统动力学、博弈论、模糊集定性比较分析法等。运用案例研究方法的学者们多以国内外著名公司如 IBM（IBadawy and Iansiti，2008）、德国电信公司（René，2009）、思科公司（Li，2009）、谷歌（黄海霞和陈劲，2016）、阿里巴巴、东阿阿胶（于超和朱瑾，2018）等公司为例，探讨创新生态系统的竞争优势和价值创造。

针对创新生态系统的评价方面，陈红花等（2019）结合整合式创新、生态位等理论，提出了"科技创新生态位"模型。何向武和周文泳（2018）运用了Lotka-Volterra 模型和聚类分析法构建了一套较为系统的区域高技术产业创新生态系统协同性的分类评价体系。姚艳虹等（2019）运用德尔菲法甄别筛选相关指标，构建了创新生态系统健康度评价指标体系。王宏起和刘梦武（2020）引入熵权与层次分析方法构建了战略性新兴产业创新生态系统稳定水平评价指标体系。

针对创新生态系统的机理、机制研究方面，欧忠辉等（2017）以杭州城西科创大走廊创新生态系统为例验证了所提出的创新生态系统的共生演化模型。李晓娣等（2019）利用共生测度模型计算我国区域创新生态系统共生度，分析了区域创新生态系统共生与科技创新绩效间的关系。李佳钰等（2019）、龚常（2019）采用系统动力学方法研究知识能量流动的特征规律，分析了仿真产业生态区域创新系统运行机制。魏云凤等（2019）通过演化博弈实证分析发现，主体间协同的前提是协同收益高于协同成本，主体间的信任程度和机会主义倾向会影响协同状态。王旭娜等（2020）运用动态博弈方法设计了创新生态系统中企业方和研发机构方的博弈模型。最新的研究还有采用模糊集定性比较分析法（fsQCA）分析开放式创新生态系统模式如何推动产品创新的因果关系（Xie and Wang，2020），揭示创新生态系统背景下竞争性或非竞争性伙伴关系所需要的不同构型（Bacon et al.，2020），显示 fsQCA 在寻找导致给定结果表达的各种案例的潜在因果条件方面具有一定的优势。

以上研究方法的运用表明，定性的案例研究对于创新生态系统动态现象翔实描述、过程及原因分析具有明显优势。运用仿真建模以及模拟研究（如系统动力学、基于 agent 的建模）可以使描述更具有预测性，同时也能有助于理解创新生态系统的复杂性和动态性。

五、资源型经济转型相关文献综述

相关研究大量出现在 20 世纪 50~60 年代，由于这一时期资源型地区进入资源枯竭或低价替代品的竞争阶段，开始寻求转型以实现经济振兴和可持续发展，通过研究德国鲁尔区、美国休斯敦、法国洛林和日本北九州等地区的产业结构布局、产业规划政策等，旨在促进资源型地区的可持续发展（Grabher，1993）。在如何推动资源型地区转型发展方面，一些学者从动力机制方面进行了研究，学者们主张建立以科技创新为内在驱动力的内生增长机制促进经济转型，如 Slocombe（2000）认为，在产业转型的过程中，技术创新发挥着重要的支撑作用，促进了资源型产业的规模化、资本化运作，产业发展呈现出技术密集型和资本密集型特征；还有学者研究了资源型地区的转型发展策略和路径。典型资源型地区的转型发展模式包括美国的"产业多样化+轨道跃迁"模式、挪威的"产业规制+绿色经济"模式、印度尼西亚的"供需调节+出口升级+引资多元"模式等（孙晓华和郑辉，2019）。政府在促进资源型经济转型发展的过程中，在政策支持、规划统筹及创新激励方面发挥了相当大的作用。

针对中国的资源型地区转型政策，学者们也进行了相应的实证分析，如张米尔（2005）提出了产业链延伸、产业更新、产业复合等发展路径。还有的学者主张发展产业多元化，如荆立群和薛耀文（2020）认为，破解其出现资源型经济问题的有效路径是培育文化产业等高端产业。王帅等（2020）认为，以山西省为代表的资源型地区实现产业结构转型升级的关键在于充分发挥制造业集聚的推动作用，更好地发挥地方政府的引领作用。

还有学者提出产业转型的关键在于政策创新，政府应坚持强化创新驱动，培育产业生态，厚植创新发展土壤。从研究发展态势看，逐步强调科技资源的配置和创新政策的引导。邓国营和龚勤林（2018）研究发现，创新对资源型城市整体的转型效率尤其是对规模以上企业的转型效率都存在显著的正向影响作用。创新资源的集聚和扩散是资源型城市创新生态系统的功能基础（徐君等，2020）。煤炭资源型经济转型的出路在于通过供需双边创新政策，激励企业开展能源技术创新、丰富能源供给，最终通过能源供需结构的转变引导煤炭资源型经济转型（郭丕斌等，2013）。

此外，国内学者廓淑芬（2019）、杨怀佳和张波（2019）、孙天阳（2020）等从不同角度对资源型地区转型进行了卓有成效的研究。

六、文献评述

综上所述，经过几十年的发展，国内外学者在创新生态系统领域取得了大量卓有成效的研究，积累了较丰富的研究成果，为本书的研究奠定了扎实的理论基础。现有研究的不足与未来研究趋势主要体现在以下几个方面：

（1）对创新生态系统的"形成+演化+治理"过程与机制有待挖掘。在研究脉络上，创新生态系统研究经历了从自然生态链向商业生态系统再到创新生态系统的转变。在理论研究上，现有文献多围绕创新生态系统概念框架、特征、结构功能等展开分析，并且有关创新生态系统的概念清晰度和科学严谨性仍受到部分学者的质疑（Ritala and Almpanopoulou，2017；刘钒和吴晓烨，2017）。因此，一方面需要加强对创新生态系统的理论溯源，丰富与深化创新生态系统理论内涵；另一方面需要挖掘不同经济发展情景下，创新生态系统的形成机制、演化动力因素和系统运作原理。

（2）对后发地区的创新生态修补、培育、完善问题研究有待深入。现有基于演化经济学的创新生态系统研究大多以国家为样本，主要侧重于国家和区域层面如何培育创新要素，完善创新制度与环境以实现国家和地区的持续性创新，缺乏对具体区域创新生态系统动态演化的实证研究（武翠和谭清美，2021）。针对后发地区创新生态如何修补、培育、完善的问题，还缺乏有效的方法加以解决。案例研究主要以龙头企业和典型企业为主，下一步应延伸扩展到科技区域之间的互动，高新技术企业与中小企业之间的互动融通问题等。

（3）研究方法趋向于多学科交叉视角的多方法应用。现有研究倾向于采用案例研究、理论推演等定性研究。未来研究方法上需借助生态学理论，采用大样本问卷法、博弈论、社会网络、复杂系统和模拟仿真等研究方法探索区域产业的结构行为和演化规律，剖析区域产业技术链、创新链、生态链等的协同创新范式。

由文献综述可以看出，国内外学者在相关领域都做了大量的卓有成效的研究，为其奠定了扎实的理论基础。目前，对于创新生态系统的研究正处于转型期（汤临佳，2020），随着创新生态研究与"协同创新""价值创造""平台""创业活动"等的结合，还形成了服务生态系统（Lusch and Vargo，2014；Vargo and Lusch，2008）、技术生态系统（Wareham et al.，2014；Adomavicius et al.，2007）、创业生态系统（Suresh and Ramraj，2012；Isenberg，2010；Noelia and Rosalia，2020）、数字创新生态系统（Benitez and Ayala，2020；Suseno et al.，2018；Rao and Jimenez, 2011; Elia et al., 2020; 魏江和赵雨菡, 2021)、清洁能源创新生态系统 (Lin et al., 2016) 等的研究分支, 大大拓宽了创新生态系统的研究视野。

然而, 对于创新生态的研究多集中在美国、日本、法国等国家及硅谷等地区创新生态经验的借鉴, 针对资源型后发地区创新生态如何修补、重塑、培育、完善的问题, 缺乏有效的方法加以解决。对于资源型经济和创新生态的生命周期、形成演化都有较深入的研究, 但对资源型经济如何向创新型经济转变的形成机制、演化动力及系统治理对策的相关研究还极少。

因此, 本书认为如果将两者结合, 从生态位跃迁视角, 将创新生态研究置于资源型地区转型发展的大背景下, 探索创新生态与资源型经济之间的 "模式嬗变" 及 "迁移路径", 将有利于丰富和具体化两者的理论, 并提出有针对性的创新生态构建促进经济转型的对策。

第三节 研究思路与研究内容

一、研究思路

本书基于当前山西面临资源型经济转型以及政府打造一流创新生态的新时代背景, 针对科技创新主体能力薄弱, 资源统筹共享不足, 创新要素集聚及协同不够, 区域发展不平衡、不充分的问题, 从创新生态视角研究山西产业创新生态系统的构建及发展策略。本书以创新生态系统为视角, 主要解决以下问题: ①山西创新生态系统的构成主体组成及如何协调共生? ②山西创新生态系统如何打造? ③子系统的耦合策略包括哪些?

主要工作包括: ①调研山西创新生态主体的发展现状, 测度区域高科技企业、高校、科研机构的创新水平; ②开展山西创新生态系统耦合协调机制研究, 探讨山西创新生态系统的培育机制和演化模式, 剖析创新生态系统培育与山西经济发展程度、运作情景相适应的制度匹配和创新适宜度问题; ③分析山西作为后发省份全力打造一流创新生态面临哪些机遇? 剖析创新生态系统构建的困局与难点, 并提出对现有创新生态如何修补与完善, 以及子系统如何协调耦合的发展策略, 为进一步推进山西经济高质量转型, 探索前瞻性发展战略指明方向。

具体研究路线如图 1-1 所示。

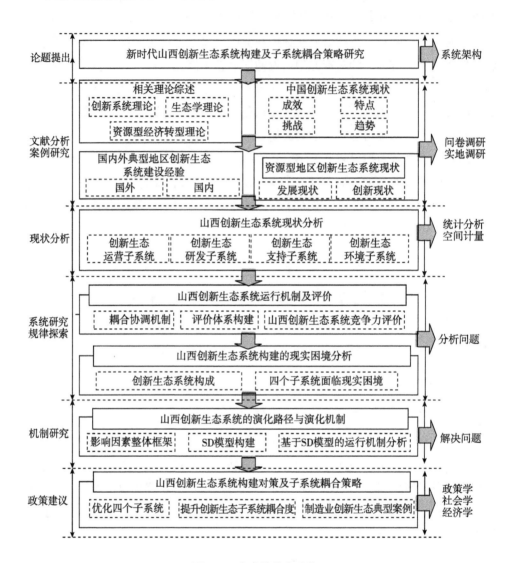

图 1-1　本书的技术路线

二、研究内容

第一章，绪论。主要通过文献梳理和理论溯源厘清研究脉络，总结国内外研究现状。

第二章，相关概念界定与理论基础。界定新时代特征、创新生态系统、结构与特征、阶段划分、子系统划分的含义，系统阐述了创新生态系统的基本理论。

第三章，国内外典型地区创新生态系统建设经验。运用比较分析方法对比总结美国、英国、瑞士、芬兰和国内京津冀、长三角、粤港澳创新生态系统发展概况，总结其他省份创新生态系统建设的途径及成功经验，提出启示和借鉴。

第四章，中国创新生态系统的发展概况。通过中国各省份的实证比较得出中国创新生态建设及资源型地区创新现状。

第五章，山西创新生态系统现状。从创新生态运作、创新生态研发、创新生态支持、创新生态环境方面多视角阐述了山西创新生态系统现状。

第六章，山西创新生态系统运行机制及评价。分析山西创新生态系统运行机制，建立创新生态系统评价指标体系，对我国创新生态系统耦合协调开展实证分析，评价了山西创新生态系统竞争力现状。

第七章，山西创新生态系统构建的现实困境。通过对创新系统的现状分析，探讨山西进一步从创新系统向创新生态系统转型的现实困境。

第八章，山西创新生态系统构建的影响因素分析及 SD 模型仿真。归纳提炼山西创新生态系统构建的影响因素，构建山西创新生态系统构建的影响因素整体框架，基于 SD 模型分析了山西创新生态系统运行机制，并进行趋势预测与政策模拟。

第九章，山西创新生态系统的演化路径与演化机制。全面吸收和借鉴我国其他省份在创新生态系统建设中的经验及采取的主要做法，基于 MLP 模型构建创新生态系统促进资源型经济转型的多层次分析框架，归纳资源型地区创新生态的演化过程。在此基础上，从生命周期视角提出山西创新生态系统从萌芽期到成长期再到成熟期的演进路径，提出山西创新生态系统的六大演化机制。

第十章，山西创新生态系统构建对策及子系统耦合策略。政府作为创新生态系统的主要组成部分，负有促进创新生态良好发展的重任，从五方面提出构建山西创新生态系统的对策及子系统耦合策略。

第十一章，山西制造业创新生态系统典型案例研究。以制造业创新生态系统为典型案例，结合本书提出的四个子系统理论框架阐述山西制造业创新生态发展现状，总结存在的问题，并对制造业创新生态系统构建提出改善意见和对策，以期为山西制造业创新生态系统构建提供借鉴参考。

第十二章，研究结论与展望。总结全书研究结论，提出研究的主要创新点，分析存在的研究局限，并针对研究局限提出未来后续研究的方向。

第二章　相关概念界定与理论基础

创新生态系统是科技创新的最新范式。区域创新生态水平关乎一个国家和地区的经济竞争力。当前，世界科技强国如美国、日本、法国、德国都制定了基于生态概念的创新政策，构建开放性创新生态系统，对经济可持续发展发挥了积极作用。我国也将构建科技创新生态体系作为推动创新驱动发展战略和建设创新型国家的重要任务去抓。国内外学者对创新生态系统的含义、要素结构以及特征开展了比较深入的研究，其研究成果为本书的开展奠定了坚实的理论基础。

第一节　相关概念界定

创新生态系统研究是综合演化经济学、管理学、复杂系统科学的跨学科交叉研究领域。为了明确本书的对象和范围，有必要对创新生态系统的相关概念进行界定，包括新时代赋予创新生态系统研究的特殊情景和特征、创新生态系统的含义、创新生态的结构与特征、创新生态系统的生命周期阶段等。

一、新时代的含义与特征

党的十九大报告指出，经过长期努力，中国特色社会主义进入了新时代，这是我国发展新的历史方位。新时代所面临的发展环境和发展条件都发生了深刻变化，随之而来的是中国政治、经济的发展理念和发展方式也相应地需要调整与转变。准确把握新时代的特征，有助于我们明确创新生态建设的目标和方向，有助于解决束缚经济发展的"枷锁"和"瓶颈"。综合来看，新时代的背景特征赋予本书创新生态研究特殊的情景和含义，主要可以从以下五方面进行阐释：

1. 培育新经济增长点，促进经济高质量发展

经济高质量发展是新时代最本质的特征。高质量发展是党的十九大首次提出的新表述，表明中国经济由高速增长阶段转向高质量发展阶段。"十三五"时期，中国经济加快从"速度规模型"向"质量效益型"转变，各地转换思想观念和发展理念，转换经济发展动能，完善推动高质量发展体制机制建设，并在一些地区收到了积极成效，新的经济增长点竞相涌现，为中国经济的持续增长培育了新动力，拓展了发展新空间。然而，在经济从高速发展全面转向高质量发展的过程中，原有经济发展的惯性并未完全消除，高新技术产业发展薄弱依然是经济发展的最大短板。因此，新时代经济发展必须突破原有的思维定式和路径依赖，贯彻创新、协调、绿色、开放、共享的新发展理念，重点培育发展潜力大、增长速度快、辐射带动能力强的新兴产业，在经济总量不断扩大的基础上更加注重提高发展质量，更加注重公平、公正，更加注重协调发展。创新生态系统建设聚焦于经济高质量发展，这是新时代背景下经济发展的必然趋势。

2. 优化产业结构，推动资源型地区转型

创新生态系统的区域发展差异性决定了不同地区创新生态战略制定及实施的不同。在东部发达地区，创新生态的发展战略更多地侧重于先进城市的引领示范，前沿领域的突破性创新。中西部地区由于资源型地区长期积累的产业结构单一、经济活力不足、民生问题突出、生态破坏严重、治理体系不完善等矛盾尚未得到根本解决，迫切需要促进资源型经济的低碳转型发展。因此，资源型地区创新生态发展战略实施的动机与愿望更加强烈，且更加侧重于补短板、强弱项，解决制约发展的突出瓶颈和深层次问题，从而推动新旧动能转化，促进经济结构转型。

探索资源型地区转型之路是山西的标志性任务，也是一项复杂的系统工程。摆脱传统发展模式依赖，引导资源型地区逐步走出"路径依赖"和"资源诅咒"的困扰，需要经历一段较漫长的过程。创新驱动战略为资源型地区的转型提供了一条可行之道，但是针对山西的现实情况，转型之路如何走？怎么走？转型的动力和机制如何？这一系列的问题并没有现成的答案，因此需要进一步明确发展定位，因地制宜探索适合的发展模式和发展路径。创新生态系统构建也在新时代山西独特的经济发展背景下面临着更加艰巨、更加复杂的挑战。

3. 大力促进科技创新，提高全要素生产率

大力促进科技创新也是新时代要面临的重要课题。过去资源型经济走过的弯

路证明，单纯依靠增加要素数量驱动经济增长的"外延型"经济增长方式已经无法满足经济发展的需求，需要依靠科技创新转为"内涵型"增长模式，为企业创造更大的发展空间。

另外，最优创新生态需要最优的要素配置。不能单一强调某个既定的经济增长目标的完成，而应以提高全要素生产率作为资源配置的测算标准。全要素生产率是在各种要素投入水平既定的条件下，所能达到的额外生产效率，在很大程度上反映了一个城市经济增长的质量水平。在新时代背景下，需要推进要素市场制度建设，矫正要素配置扭曲，提高供给对需求变化的适应性和灵活性。需要从主要依靠劳动力、资本和资源等的"粗放型"发展模式，转向依靠"提高生产率"的"集约型"发展模式，转到更多地依靠提高全要素生产率的轨道上来。

4. 建立区域协调发展机制，推动重点城市群协同发展

区域协调发展是新时代最鲜明的特征。随着中国经济由高速增长阶段转向高质量发展阶段，区域经济发展格局和区域空间结构正在发生深刻变化。研究一个地区的经济发展不能脱离邻近甚至跨越多省区域的经济发展模式，必须加强区域战略统筹，有效遏制区域分化，以区域一体化合作促进区域发展新格局形成。对于落后地区，应充分贯彻新时代国家实施的区域协调发展战略，树立新发展理念，探索区域合作、区域互助、区域利益补偿机制，积极承接、融入经济发达地区，分享发展红利和机遇。

区域协调发展的典型地区尤以京津冀、长三角、粤港澳地区为典型代表。目前，随着京津冀协同发展、长三角一体化发展、粤港澳大湾区建设等区域战略的实施和深入推进，中国已基本形成了"19+2"（19个城市群和2个城市圈）的城市群格局，空间主体的城镇化格局正在不断得到优化，且以城市群为主体形态促进大中小城市和小城镇协调发展的空间格局已经形成。重点城市群协同发展的趋势和特征也意味着：创新生态系统的构建不能局限于一城一地的发展，多区域板块联动发展将是区域创新政策的总基调。

5. 实施新能源革命战略，促进绿色经济发展

新能源革命是新时代最主要的特征。习近平总书记指出："能源安全是关系国家经济社会发展的全局性、战略性问题，对国家繁荣发展、人民生活改善、社会长治久安至关重要。"贯彻新能源革命战略对于山西具有典型意义。山西是国家能源革命的综合改革试点，山西要落实国家碳达峰、碳中和的重大战略部署，走能源转型之路，必须依靠"打造能源革命排头兵"为自身的发展取得率先突

破。并且，能源革命综合改革的核心也是要把创新驱动放在转型发展的核心位置，与创新生态的打造具有一致的目标。

绿色经济发展是能源革命的努力目标。面对长期产业结构失衡带来的生态环境问题，虽经多年努力有所改善，但山西依旧是全国生态环境较为脆弱的地区。当前，全球气候变化和新冠肺炎疫情对能源战略和经济运行带来严峻挑战，生态环境、气候变化、公众健康等问题的重要性愈加凸显。解决困扰经济发展与能源安全、能源公平、环境保护之间的平衡难题，走绿色经济道路，已经成为目前经济复苏的首要任务。同时，在绿色经济发展背景下，企业绿色转型升级的实践活动大量涌现，但企业绿色转型升级相应的理论仍处于探索阶段，亟须运用新的理论来探讨企业绿色转型升级问题（郭丕斌和张爱琴，2021）。因此，资源型地区不仅需要考虑如何通过绿色经济促进生态文明建设和可持续发展的问题，还需要考虑高污染企业如何通过绿色制造实现绿色转型升级的问题。实现经济、环境协调和经济可持续发展是新时代背景下不得不面对的压力和挑战（张爱琴等，2020）。

综上所述，新时代的这五个方面特征是本书开展的背景和基础。这五个方面的背景特征是创新生态系统目标设置、创新生态系统评价指标体系构建、创新生态系统演化逻辑分析等问题研究的前提和基础。

二、创新生态系统的含义

创新生态系统论是利用类比生物学的生态系统特征来解释创新主体间活动的重要理论与方法。最早是由 Moore 在 1993 年提出了"商业生态系统"（Business Ecosystem）的概念，这是自然生态系统首次被应用到组织管理领域。2004 年，美国竞争力委员会在《创新美国：在挑战和变革的世界中实现繁荣》研究报告中首次使用"创新生态"的概念，提出国家的技术和创新领导地位取决于能否建立有活力的、动态的"创新生态系统"（Innovation Ecosystem），而非机械的终端对终端的过程（Council on Competitiveness，2004）。Ander（2006）率先开展了创新生态系统的研究，并将其界定为焦点企业与上下游企业重新组合优势资源，形成一个连贯的、面向客户的解决方案，来满足消费者需求。自 2013 年以后，关于创新生态系统的研究呈现逐年递增趋势，成为创新领域的重要研究热点。然而，对于创新生态系统的理论研究仍处于隐喻与概念探讨的阶段（梅亮等，2014），有的学者甚至认为创新生态系统尚未形成明确的定义（Ohds et al.，2016）。鉴于对创新生态系统认识的不统一，以下将对创新生态系统的概念进行界定和澄清。

（1）生态位视角。创新生态系统是受经济、政治、技术等环境要素制约，资金流、技术流、资金链及知识链等发生互通耦合的有机整体（吴菲菲等，2019）。Iansiti 和 Levin（2004）从生态位理论出发，提出创新生态系统由占据不同位置但彼此相关的生态位的企业组成，包括供应商、分销商和外包商、相关产品和服务的制造者、相关技术的提供者以及其他受影响的组织。如果其中某一个生态位发生变化，其他生态位也会发生相应变化。

（2）知识管理视角。知识和技术是创新生态系统的关键要素。一些学者从技术创新、技术商业化和技术标准合作等模块来界定创新生态系统，如 Chesbrough（2013）认为创新生态系统聚焦于研发层次，关注企业研发过程对生态系统中合作伙伴的创意与知识的整合。李湘桔和詹勇飞（2008）认为，从"知识发酵"模型的角度来看，创新生态系统的实质在于融合知识，其不仅包括企业间的知识互补，而且包括企业内部知识的协调。李其玮等（2018）认为，知识优势的获取是提升产业创新生态系统价值和竞争力的重要手段之一。创新生态系统的知识优势包括专有性、成本领先和利益领先。现有研究表明，创新生态系统的构建是依靠知识的流动与整合、互补形成的创新系统，知识创新对于创新生态系统的构建具有重要意义。

（3）创新网络视角。一些学者认为，创新生态系统就是由各种关系构成的网络（Russel，2011），每家公司围绕着共同的创新平台协同发展，并为了整体效益和生存而相互依赖（Zahra et al.，2011）。国内学者李万等（2014）认为，创新生态系统是指一个区域内各种创新群落之间及与创新环境之间，通过物质流、能量流、信息流的联结传导，形成共生竞合、动态演化的开放复杂系统。柳卸林等（2015）认为，创新生态系统是指在促进创新实现的环境下，创新主体基于共同愿景和目标，通过协同和整合创新资源，搭建通道和平台，共同构建以"共赢"为目的的创新网络。不仅如此，在创新网络的基础上，基于企业以创新生态系统来实现价值主张的目的，学者们提出生态系统是"由创新生态系统的核心企业、上下游企业等多边合作伙伴集合的对齐结构，各个利益相关者通过提供的互补性资源来实现价值创造（Adner and Ron，2017；Adner and Kapoor，2010）。Russell 和 Smorodinskaya（2018）认为，创新生态系统是基于价值创造的合作网络。Benitez 等（2020）从价值创造演化视角分析了工业 4.0 创新生态系统，以及在工业 4.0 生态系统中如何制定技术发展战略。

生态位视角的创新生态系统着重强调系统的结构与角色；知识管理视角的创

新生态系统着重强调系统运作背后的知识创造与整合的机理；创新网络视角的创新生态系统着重强调创新伙伴间的合作关系。总之，创新生态系统的定义通常强调价值创造、合作/互补和参与者，较少强调竞争/替代品。

综上所述，创新生态系统有别于传统的创新系统范式，是由科技型企业、高校、科研院所、中介机构等科技创新相关的主体客体、硬件软件、元素要素构成的有机的生命共同体。在这一共同体中，既有企业、高校、科研机构等创新主体，也有政府、金融、中介服务等支持机构；既有实验室、工程技术中心、中试基地、科学装置、检测平台、孵化器、园区等硬件支撑，也有人才、知识、数据等核心要素，还包括资本、土地、信息等生产要素。创新文化、创新主体、创新平台、创新人才、创新制度、创新政策共同作用，形成了多主体相互交织、彼此协同、开放复杂的网络结构。

三、创新生态的结构与特征

美国作家与创业家霍洛维茨（2015）在《硅谷生态圈：创新的雨林法则》中指出，单独的集群不能明确地促进创新，成功的创新必然要求多学科的聚合，要求创新原材料以正确的方式组合在一起。那么，构成创新生态系统的组成部分又包括哪些？通过梳理学者们对创新生态系统组成与结构的研究可以发现，Moore（1993）最早研究了企业创新生态系统的结构模型，根据关系的紧密程度将企业创新生态系统分为核心生态系统、扩展生态系统和完整生态系统三个层次。在此基础上，根据不同的研究主体，创新生态系统的结构也不尽相同。其他学者针对技术开发过程、服务创新生态系统、区域创新生态系统等都开展了相应的探索。如表2-1所示。

表2-1　创新生态系统的结构

研究者	组成部分
Moore（1993）	核心生态系统、扩展生态系统和完整生态系统
Smith（2006）	流程、文化和能力
美国竞争力委员会（2009）	社会经济制度、基本课题研究、金融机构、高等院校、科学技术、人才资源
Cross（2013）、Traitler 等（2015）	研究群、开发群和应用群

续表

研究者	组成部分
Rabelo 和 Bernus (2015)	角色（和关系）、资本、基础设施、法规、知识、思想、界面、文化和构筑原则（所有元素的结合方式）
Christoph（2009）	服务创新生态系统主体包括平台提供者、服务提供者、客户以及中介组织
Hoffecker（2019）	行动者（企业、社区和非营利组织、研究、教育、研发中心和研究所、资金提供者、政府机构、网络、联盟、社团和个人团体）、资源（自然资源、人力资本、社会资本、基础设施、金融资源）、支持环境（市场背景、文化和制度背景、法规和政策背景）
刘友金和秋易平（2005）	创新主体、消费者、市场、环境、分解者等
黄鲁成（2007）	创新主体、创新环境、创新主体与创新环境的联系
胡斌（2013）	企业、消费者和市场，以及所处自然、社会和经济环境
王娜等（2013）	环境因素、产业体系、软硬件设施、人才等
尤建新等（2015）	系统特征（市场要素和非市场要素的目的）、市场要素（需求和供给市场要素）、非市场要素（政府主导的政策、支持等）

资料来源：根据参考文献整理。

尽管学者对不同创新生态系统构成要素的认识存在差异，但普遍将高校、科研院所、科研机构、客户、市场、企业、中介、行业协会等作为创新生态系统重要的结构要素（见表2-2）。多维结构要素相互合作、相互依赖，推动创新生态系统的成长演进。

表 2-2 创新生态系统的构成要素

构成要件	内 容	作 用
核心主体	企业、用户、科研组织、高校	制造 重点大学的催化作用 人力资本与劳动力 教育与培训 用户
辅助主体	中介、孵化、金融机构、政府	监管框架和基础设施 融资与资金来源 市场
创新环境	经济、政治、文化、自然、法律、文化	商业环境 信用体系 文化支持

资料来源：根据参考文献整理。

正因为创新生态系统的复杂构成，创新生态系统表现出稳定性、平衡性、开放性和耗散结构（陈衍泰等，2015）、非线性的复杂、动态和自适应性（邹晓东和王凯，2016）等特征。

（1）创新物种的多样共生性。类比于生物生态系统的多样性，创新生态系统是由企业、政府、大学及科研机构等主体要素组成，在发挥异质性的同时共生合作、价值创造。当所有利益相关者都能在系统网络中发挥自己的作用，同时也能在市场中满足自身发展的需求，就会创造出最好的解决方案，这是创新生态系统能够产生旺盛生命力的重要基础。

（2）自组织演化。创新生态系统具有自适应和自调节性。市场机制、知识扩散、创新的优化选择、创新主体与环境的互动等都在促进系统的良性变异。

（3）创新范围边界的开放性。创新生态系统具有系统边界的模糊性和开放性，往往超出了企业、区域、国家的既有边界，与地理、经济、文化等环境因素相互作用，从外部吸收技术、人才等所需的创新要素，通过打破现有创新格局和加速创新要素流动来实现系统行为与环境的动态匹配。

（4）核心伙伴的交互性。创新生态系统内外部不断发生创新物种和创新要素的交互，内部各个创新主体之间基于长期信任、相互关联与其他主体产生共生和协同效应，从而创造缺乏联系的单个企业所无法创造的更高价值。

（5）创新行为的涌现性。Rodgers（1962）的创新扩散理论（Innovation Diffusion）强调，创新通过社会系统在成员间扩散。主要体现在创造子系统形成创新系统的过程中不同主体相互激发、相互作用，从而产生"整体大于部分之和"的创新效应。而且，随着创新生态系统的发展演化，相对于政府或非政府组织的推动，市场力量发挥的作用更大。

（6）创新组织的平台化。平台化是网络经济下创新合作的重要特征。在创新生态系统中，通常存在着一个或多个核心领导企业或共享技术平台，通过与上下游的相关合作成为技术架构、品牌建设、核心资源等的控制者，影响其他交易主体，成为管理和协调生态系统的核心力量（Autio and Thomas，2014）。

四、创新生态系统的生命周期

与生物系统的属性相似，创新生态系统也具有特定的生命周期。根据 Moore（1993）的观点，创新生态系统的演化可以描述为诞生、扩张、领导和自我更新（或死亡）四个主要阶段：第一阶段是诞生，参与者专注于定义其价值主张（创新）以及他们将如何实现阶段合作；第二阶段是扩张，发生在生态系统扩张到新的应用领域，会出现激烈的竞争；第三阶段是领导，是生态系统的巩固和建立时期，这个时期主要是确立领导力，对生态系统进行治理，领先的生产者必须通过塑造主要客户和供应商的未来发展方向和投资来扩展控制权；第四阶段自我更新（或死亡）发生在成熟的生态系统受到更新的生态系统威胁时，或者生态系统环境发生重大改变时，生态系统必须进行根本性重组，否则就会导致系统死亡（Dedehayir et al.，2016；Moore，1993）。Rong（2011）对 Moore 的生命周期模型进行了完善，提出了新兴、多样化、融合、巩固和更新五个阶段。我国学者刘平峰等（2020）提出创新生态系统分为起步期、成长期、成熟期和饱和期，四个不同的生命周期阶段分别对应经济驱动、生态平衡、竞争协同及政策调控四种动力源，且四种动力源在不同时期所发挥的作用不尽相同。我国创新生态系统种群共生演化正处于成熟期后半阶段。

也有学者从技术演变的视角来对创新生态系统进行阶段划分，如 Dedehayir 和 Seppanen（2015）在对铜生产生态系统诞生和扩张阶段的研究中提出，生态系统的诞生阶段分为发明和启动两个子阶段。发明子阶段被认为是从一项新技术的发现和测试到该项技术的第一次运行演示，启动子阶段持续到该项技术的第一次商业应用。孙冰等（2016）将创新生态系统分为技术的创造、保护、选择、扩散四个阶段，核心企业和政府对创新种群共生演化具有决定性作用。

综合学者们的观点，创新生态系统具有典型的生命周期特点。首先是初期的萌芽诞生阶段，创新生态系统的各要素在特定空间集聚在一起，形成积累和溢出。其次是创新生态系统的发展成熟期，创新要素紧密结合、良性互动，系统内形成了各司其职、共生发展的协调机制，随着市场的扩大，产品创新和技术创新处于最活跃的状态。再次是创新生态系统的成熟期，系统在应对环境变革中持续创新，建立创新平台化组织，实现价值共同进化。最后是饱和或蜕变期，系统面临竞争压力不得不进行结构重组，如果重组不成功，就有可能逐步陷入系统衰退中。最后一个阶段的另外一种情况是创新生态系统经过变革实现蜕变重生，从而开始下一个生命周期循环。

五、创新生态子系统的划分

作为由多子系统融合交汇的复杂系统，彼此相互作用、动态协调是创新生态系统稳定可持续发展的关键。在借鉴国内外学者研究成果的基础上，根据子系统对创新生态整体系统发挥作用的不同，将我国创新生态系统划分为创新运作、创新研发、创新支持、创新环境四个子系统。

创新运作子系统主要以规模以上工业企业、高新技术企业及科技型中小企业为代表。它们通过自身的科技研发和产业运营活动为创新生态系统提供源源不断的创新活力和利润源泉。

创新研发子系统主要由高校和研究与开发机构构成，是创新生态系统的主要人才和技术来源。

创新支持子系统主要包括政府、中介机构和科技孵化器等。

创新环境子系统主要包括基础环境、经济环境和生态环境三个方面。

1. 创新运作子系统

企业是创新生态系统最主要的运作主体，肩负着技术创新的重任。企业主要扮演着供给者和需求者的双重角色。主要体现在：①实力雄厚的大公司、数量众多的中小企业、初创企业等，彼此形成直接或间接的合作关系，通过科技研发和生产运营活动将无形资源转变为有形产品，为生态系统提供源源不断的创新成果和资源财富。②企业将自身的发展需求、创意想法反映给高校和科研机构，有助于科研和经济的紧密联系，同时企业也可以从高校和科研机构获得优秀的创新人才队伍和先进的科学技术，实现产学研的有效合作（张爱琴和陈红，2009）。③企业在政府和中介机构的帮扶下为科技成果的转化提供载体和平台，最终将产品的价值转化为经济效益和社会效益。

2. 创新研发子系统

高校和研究与开发机构是构成创新生态研发子系统的主要组成部分，是创新生态系统的主要人才和技术来源。高校为创新生态系统提供创新源泉，是人才的培养者和基础研究的主力军。科研机构能够为创新活动提供前沿的技术研发成果，它与高校一起构成了创新的两大重要引擎。一方面，高校和研发机构源源不断地向系统输出创新人才和科学技术，提供知识支持；另一方面，高校和研发机构通过发表科技论文、出版专著和申请专利等科技产出为企业创新提供技术支持。此外，高校和研发机构还会不定期举办学术研讨和高峰论坛等会议，邀请各类专家进行学术交流和思想碰撞，促进科研成果的共享与合作。随着全球科技竞争的日趋激烈，越来越多的企业重视研发投入和自主创新，创新研发子系统作为企业创新的动力源泉和坚实后盾，发挥着重要的引擎作用。

3. 创新支持子系统

创新支持子系统主要包括政府、中介机构和科技孵化器。其中，政府在创新支持子系统中发挥着重要的规划引导作用。政府的订单需求可以为企业提供很好的市场，政府还通过相关政策和研发投入促进技术和产业发展。政府作为国家创新生态系统构建的宏观调控主体，对创新生态各子系统协调运作起到有力的支撑作用：一方面，为企业、高校和研究机构提供研发经费扶持，解决创新过程中资金困难的问题；另一方面，通过制定一系列的制度法规，为企业研发创新和成果转化提供制度保障。随着初创企业和中小型科技企业的不断涌现，政府部门和社会越来越重视科技孵化器和中介机构平台的建设，通过大量的信息交流和技术供给，帮助企业获得人才信息、法律咨询等服务。总之，投资机构、科技中介平台、科技企业孵化器等中介机构是创新生态系统重要的组成部分，为创新生态系统的构建起到有力的支持作用。

4. 创新环境子系统

创新环境子系统主要包括基础环境、经济环境和生态环境三部分。①基础环境主要指基础设施、城市人口密度、科技信息交流等。基础设施的建设从侧面反映一个地区的社会发展程度，城市人口密度和科技信息交流也会影响创新发展的强度。②经济环境包括经济体制、经济发展水平、收入水平等，是企业创新面临的社会经济条件。经济发展水平是创新生态系统研发投入强度的资金保障，在经济发展好的地区，大量的创新需求和充沛的资金供给常常能激发创新活动，极大地提升了区域创新活力。③生态环境即自然环境，自然资源的开采利用和承载能力对社会经济发展具有重要影响。和谐的生态环境会加速科技创新；相反地，资源匮乏、环境恶化也会倒逼企业开展绿色技术创新，以适应环境保护和可持续发展的需求。

第二节　理论基础

对相关理论的阐释是明确研究基础与理论支撑的重要步骤。本书研究主题涉及创新生态系统、资源型经济转型升级的相关内容，因此以下将从创新系统理论、生态学理论、资源型经济理论来阐述本书的理论基础。

一、创新系统理论

创新系统理论起源于西方经济学中熊彼特的技术创新理论。西方技术创新理论在熊彼特研究的基础上，形成了新古典学派、新熊彼特学派、制度创新学派和国家创新系统学派四大理论派系。鉴于与研究主题的相关性，本书研究重点阐述国家创新系统理论。

在继承技术创新理论的基础上，以美国学者理查德·纳尔逊、英国学者克里斯托夫·弗里曼等为代表的研究成果形成了国家创新系统理论。该学派通过对美国、日本等国家或地区创新活动的实证分析后，认为技术创新不是企业家的功劳，也不是企业的孤立行为，而是由国家创新系统推动的（李永波和朱方明，2002）。

国家创新系统是参与和影响创新资源的配置及其利用效率的行为主体、关系网络和运行机制的综合体系。在这个系统中，企业及其他创新主体，通过国家制度的安排及其各创新主体的相互协同，推动知识的创新、引进、扩散和应用，促进整个国家的技术创新能力提升到更高的水平。国家创新系统理论将创新主体的激励机制与外部环境条件有机地结合起来，侧重分析技术创新与国家经济发展实际的关系，强调国家专有因素对技术创新的影响，并认为国家创新体系是政府、企业、大学研究机构、中介机构等为寻求一系列共同的社会经济目标而建立起来的，并将创新作为国家变革和发展的关键动力系统。

继弗里曼（Freeman）等从国家层面界定创新系统理论之后，随着研究的不断扩展，创新系统理念扩散到区域、产业、企业等层面（Trevor，2010）。Rong等（2020）探索了区域创新系统的特性，以及各要素、系统如何相互作用等。Elias 和 Carayannis（2018）对包括政府、大学、企业、社会和环境的五螺旋创新系统模型进行了探索，提出了多层次创新系统的替代耦合模型。创新系统理论是由各种创新主体和创新要素形成的有机动态体系，核心即为各主体协同创新（肖新军等，2021）。还有部分学者提出和发展了"企业创新系统"的概念，强调企业技术创新的系统复杂性（陈劲等，2005）。

创新方法理论也是创新系统理论的重要组成部分。创新方法可以通过影响创新思维转变、创新工具使用、管理观念更新等对企业创新系统发挥作用，还可以通过营造良好的创新氛围，促进创新资源获取，加快区域创新系统从无序走向有序的发展进程。学者们对创新方法开展了许多研究（张爱琴等，2011，2013，

2014，2015），是企业微观层面创新理论的分支。

创新系统理论带给我们的启示是：国家创新系统中的制度安排应适应一个国家的国情需求，兼具适应性和灵活性。与创新系统理论相比，创新生态系统更强调主体的多样性和自组织的演化性。

二、生态学理论

生态学是一门研究生物与其环境之间相互关系的科学（虞佳和朱志强，2013），各生物种群与生态环境形成了一个天然的、动态的、平稳的生态圈，相互作用，相互依存。创新生态系统理论正是借鉴了生态学理论，将各种创新主体与创新环境形成的创新生态圈与自然生态圈类比，形成了创新生态系统理论。生态学理论为深入研究创新主体与创新环境间的关系提供了崭新的视角。

生态学的概念由海克尔在1866年首次提出，他将生态学定义为：研究生物在其生活过程中与环境的关系，尤指动物有机体与其他动植物之间的互惠或敌对关系的学科。1870年，他再次更为详细地将生态学定义为与自然界经济有关的知识，即研究动物和植物与它们的无机和有机环境之间的全部关系的科学（彭光华等，2003）。到了20世纪50年代，随着全球环境变化和人类经济活动的拓展，全球物种灭绝不断加剧，学者们开始热衷于生态系统稳定性的研究。生态系统稳定性是指生态系统在受到冲击后自我修复的能力（Pmm，1984），不同类型、不同形式的冲击对生态系统造成的影响也各不相同（Donohue，2016）。

到了19世纪末20世纪初期，"生态位"概念被提出并得到了极大的扩展。第一次对"生态位"进行定义的研究者是Grinnell（1917），他把生态位定义为"恰好被一个种或一个亚种所占据的最后分布单位"，其实是用这个概念描述某种生物在环境中的地位。随着对"生态位"理论的不断研究探索，出现了"空间生态位""功能生态位"和"多维超体积生态位"等各具特色的理论（朱润钰，2007），在对生物生态位不断研究的同时，人类社会生态位、企业生态位、技术生态位等概念也渐渐出现（周全，2019）。其中，企业生态位指的是企业在特定环境中利用自然、经济、社会、环境等资源并与其他组织相互作用时形成的相对地位和由此所产生的功能效应（张丽萍，2002）。根据生态位态势理论，企业在创新生态系统中具有"态"和"势"的双重属性。"态"是企业过往积累的结果，标志其现有的能力状态；"势"是企业利用系统资源而产生的影响力，体现其未来的创新潜力（石博和田红娜，2018）。技术生态位指的是企业利用技术、人力及各种资源要素并与其他组织形成的生态关系（包庆德和夏承伯，2010）。

种间相互作用理论作为构成创新生态系统的基础理论之一。种间相互作用指的是在同一生境中生存的两种或两种以上的物种，彼此之间产生直接或间接的相互影响，使个体的生长、存活和繁殖发生变化。种间相互作用多种多样，可以概括为正相互作用和负相互作用两类（王忍忍，2018）。正相互作用趋向于促进或增加，负相互作用趋向于抑制或减少。生物间相互作用是生态学研究的核心内容，普遍存在于植物群落中并被认为是群落构建和群落动态的主要推动力（孔祥龙，2016），其理论内容类比到创新生态系统中，可以认为创新生态系统的各创新主体之间也有类似于生态学中不同物种之间相互作用的关系，即创新生态系统中的企业、高校、科研机构等各个主体亦存在正负相互作用。正相互作用表现为不同创新主体之间的合作，如产学研协同；负相互作用则表现为不同创新主体之间的竞争关系，如不同创新成果在市场上的竞争。

生态位理论带给我们的启示是：借鉴自然生态圈的定义和规律，生态学、生态位、种间相互作用等概念和理论都可以譬喻创新生态的活动。企业在创新生态系统中不仅具有"态"和"势"的双重属性，而且创新生态系统中各主体之间的关系可以用种间相互作用理论来加以解释。

三、资源型经济理论

为了解决世界性的资源及环境问题，资源型经济学形成于 20 世纪二三十年代。1931 年，哈罗德·霍特林发表了《可耗尽资源的经济学》，被认为是资源经济学产生的标志。从 20 世纪五六十年代起，资源型经济学迎来了一个重要的发展阶段，被发展经济学、区域经济学、经济地理学、社会学等不同领域的学者从不同角度展开研究，学者们对盲目追求经济增长造成的资源短期、生态破坏问题进行反思。20 世纪 80 年代以后，随着资源、能源消耗和环境破坏的加剧，可持续发展问题被正式提出。经过几十年的发展，资源型经济研究取得了重大的进展。资源型经济理论主要围绕资源型经济对生态环境的影响、资源丰裕与经济发展的基本规律、制度与"资源诅咒"的关系研究、资源型经济的创新研究四个方面展开。

（1）资源型经济对生态环境的影响。相关研究诸如研究资源环境与经济社会发展的矛盾、资源环境问题产生的原因、解决的对策与措施等。Grossman 和 Krueger（1995）研究了不同阶段经济发展与环境污染的关系。Dasgupta 等

（1980）认为，经济增长是环境改善的途径。也有学者认为，环境污染很难随着经济增长而自动减轻（杨林和高宏霞，2012）。

（2）资源丰裕与经济发展的基本规律。奥蒂（Auty，1993）首次使用"资源诅咒"解释自然资源丰裕程度与经济增长存在反向关系的现象，自然资源丰富的国家或地区要比资源贫乏的国家和地区经济增长速度更慢。

（3）制度与"资源诅咒"的关系研究。关于哪些原因造成了资源诅咒？Sachs 和 Warner（1995，2001）将资源诅咒的原因归结为贸易条件的恶化，过于依赖某种丰富的资源或人力资本的投资不足等。也有学者认为，是制度弱化导致了寻租和腐败。Salai 和 Subramanian（2003）的实证研究表明，石油和矿物等自然资源诱发贪婪的寻租行为，弱化了一国的制度质量，进而对经济增长施加负的非线性影响。这种制度的弱化才是"资源诅咒"产生作用的根源所在（Xavier and Arvind，2013）。

（4）资源型经济的创新研究。主要研究如何将科技创新与资源型区域的发展背景结合起来，通过制度创新、产业规制与政府监管等手段，破解资源型经济所面临的诸多发展难题，实现从资源依赖向创新驱动的转变（张复明，2011；郭丕斌等，2015）。

总之，资源经济学理论经过了几十年的发展，逐渐形成了较完整和系统的研究涵盖领域。但是，各学派的分歧较大，专家对资源经济学研究对象的某些认识和结论还不统一，导致资源经济学与相关学科的界限不清，理论基础还比较薄弱。

资源型经济转型理论带给我们的启示是：山西省作为典型的资源型经济大省，对煤炭资源的高度依赖为经济的可持续发展带来了一些突出问题，需要借鉴资源型经济理论和资源型经济的特点，针对建设创新社会的难题，探讨转型的策略与途径，并培育新的经济增长点，将原有的资源优势转化为创新要素和创新资本的优势，推动经济实现更高水平、更高质量的发展。

第三章　国内外典型地区
创新生态系统建设经验

在生态系统发展观成为创新发展主流的背景下，国内外涌现出了一批成功的创新生态系统建设典范。国外以美国、英国、瑞士、芬兰、以色列等为典型代表的国家通过高度重视创新生态建设形成持续的竞争优势；国内则以京津冀、长三角、粤港澳等区域纷纷通过制定创新生态相关战略政策打造区域创新示范引领高地。剖析这些地区的创新生态系统建设经验，将有助于进一步探索创新生态系统的成功经验和演化规律，对于其他地区的创新生态改善也具有启示和借鉴意义。

第一节　国外创新生态系统发展概况

国外创新生态系统建设走在前列的有美国硅谷的"创新热带雨林"、英国的剑桥科技园，以及瑞士、芬兰、以色列、新加坡等，这些国家和地区既拥有创新生态系统的一些共性特征，同时也具有历史、地理、文化等方面的差异性特征。

一、美国硅谷创新生态系统

美国硅谷得以成为全球的成功创新经济典范，得益于其形成了产学研独特的社会网络体系、多元化的创新物种、良好的制度环境以及企业文化等。硅谷创新生态系统成功的主要因素在于：

（1）高等院校提供了创新的源头。硅谷附近拥有两所知名大学——斯坦福大学和加州大学伯克利分校，它们为创新提供了思想的源头，尤其是斯坦福大学的师生创办了硅谷 60%~70% 的企业。这里诞生了太阳微系统（SUN）、硅图（SGI）和思科（Cisco）等著名的公司。大学和企业共同合作开展研究，并共同开发新产品，保证了大学的理论成果向生产实践的转移转化，加上硅谷吸引了国内外的高科技创新人才和企业家，使之成为全球创新人才最集中的地区。

（2）创新联盟发挥了重要作用。硅谷的企业与大学及社会机构之间形成互动式、网络化、集群化的产业创新联盟是创新生态系统保持经济活力的重要原因。各企业之间能够紧密联系且良性竞争，大多采用分权式的社会组织方式，通过外包形式将自己相对较弱的环节外包给那些"专门只做一件事"的小企业，众多小企业合力参与大企业的科技创新，能迅速实现科技成果的产出。同时，企业与企业之间组织结构灵活，人员流动常态化，各企业之间完全通过市场进行相互竞争，按照市场规律将最新的技术资源以及资本人才进行优化配置，以优胜劣汰的方式不断推出大量优秀的高科技企业，促成硅谷独特的创新运作环境。

（3）政府支持保障良好的制度环境。美国曾经为支持创新生态系统提出了一系列的制度变革，如通过了《史蒂文森—怀勒技术创新法案》，实施先进技术计划（ATP）和制造业扩展伙伴计划（MEP），通过《拜杜法案》改变了联邦研究资助机构、大学及其研究人员以及商业化市场之间的关系，20 世纪 80 年代制定了基于技术的经济发展政策，还从知识产权保护、税收监管、成果转化到市场推广等多个领域进行改革。这些制度为高科技企业的发展奠定了完备的法律法规基础。

（4）独特的硅谷企业文化。独特的文化氛围是硅谷科技创新无形的催化剂。硅谷企业注重团队合作和知识分享，建立了协作开放的文化，鼓励员工大胆创新、积极尝试。美国完备的法律体系也使硅谷中处于激烈竞争的企业敢于面对困难，迎接挑战。硅谷独特的企业文化还表现在：它们崇尚公平公正、尊重对手，鼓励员工勇于创新，不以失败为耻；同时也能容忍优秀的人才跳槽其他公司。独具特色的硅谷文化使科技人员能在高压工作环境下保持积极乐观的创新活力，并大大地激发了他们的探索精神和创新热情。

二、英国剑桥科学园

英国剑桥科学园是世界十大较具影响力的科学园和较重要的技术中心之一。剑桥科技园的周围集聚了一大批重要的高科技公司，伴随着科技公司的到来，吸引和培养了大量的科技人才，浓厚的创新氛围，充盈的风险投资，使这里成为全世界创新生态的典范，成就了创新领域独特的"剑桥现象"。其创新生态系统形成的因素主要有以下四个方面：

（1）剑桥地区的产业历史和地理位置。剑桥地区的创新生态系统建设具有漫长的历史。"二战"时期，剑桥科技园主要生产电子产品，服务于军事需求。20 世纪 80 年代开始，剑桥吸引世界各地的高技术公司纷纷前来设立子公司或分公司，以便迅速把握剑桥高技术发展的科技及市场情报。剑桥的地理位置相对偏远，但便捷的交通网络为高技术公司的发展提供了运输方面的便利条件。

（2）剑桥大学独特而显著的作用。在人类历史上，创新的源头首推高校，而剑桥大学作为世界上较古老的大学之一，对剑桥工业园的发展有巨大的决定性影响。这里诞生了众多的科学家、经济学家、政治家等，集聚了大量科技人才和富有创新精神的创业者，培养了一批具有创新精神的人才在校外创业。在此基础上，陆续产生了很多高新技术产业的小公司。剑桥大学采用灵活多样的人才聘用机制，对科研人员实行短期聘用制，允许并鼓励本校老师在完成自己教学任务的基础上，可以兼职其他科研项目，这样大大方便了科研人员在高校和企业间的交流和互动。剑桥大学还会定期聘请业界人士来校开展知识传授和学术交流，同时鼓励学生到企业一线进行实践和操作，深度建立高校和产业界之间的人才交流机制。剑桥大学作为世界一流高校，每年为科技产业园区输送了大量的高精尖人才，这些人才大多就任于科技园，因此剑桥大学为科技园提供了大批的科研人员和管理企业家。

（3）创新科技园及孵化器的大量出现。20 世纪 70 年代早期，成立的剑桥科技园是连接剑桥大学科研和创业孵化的载体，最开始只是一些工厂为降低成本将企业迁移至剑桥附近，之后随着剑桥创业中心的成立，越来越多的知名企业开始入驻科技园，成为英国著名的新型技术产业中心。自 1990 年以后，剑桥科技园成立科技孵化器，专门用于扶持带动初创企业。剑桥科技园具备优越的企业孵化环境，同时剑桥大学还为企业提供专门的创新技术中心。功能齐全的基础设备以及舒适便捷的工作环境，有力地推动了众多高科技中小企业的发展壮大。

（4）风险资本的涌入以及商业服务的供给。风险资本为硅谷的高技术风险企业提供了主要的资金来源。全世界最大的风险投资机构汇聚于此，丰沛的风险资本不仅解决了高技术公司创建和发展的资金限制问题，还为小型科技企业的发展创造了必要的金融环境，风险投资的活跃及成功的运作对于硅谷及美国保持强大的竞争优势发挥着至关重要的作用。

三、瑞士国家创新生态系统

瑞士地处欧洲，东邻奥地利，北接德国，南接意大利，西与法国接壤，是欧洲较具竞争力的国家之一，在世界知识产权组织发布的科技创新指数中瑞士连续九年获全球第一，是名副其实的"小国大实力"。其强劲的科技创新实力背后得益于瑞士国家创新生态系统的建设。

（1）声誉卓越的高等学府和科研机构。瑞士坐拥数家世界一流高等院校，从《泰晤士报》全球高等院校排名数据中可以看出，排前 200 名中有 7 家高等院校位于瑞士，其中苏黎世联邦理工学院、洛桑联邦理工学院、苏黎世大学等都排在前 100 名。欧洲核子研究组织（CERN）、瑞士联邦水科学与技术研究所（EAWAG）、瑞士联邦材料科学与技术研究所（EMPA）等科研机构在世界上也有举足轻重的地位。充足的人才资源和知识储备为瑞士的高科技发展注入了强大动力。

（2）高效的创新主体培育体系。企业是创新生态系统的主体运作部分，是生产研发的关键。瑞士企业有两个明显特征：一是大型企业和行业巨头较多，位居世界 500 强企业中仅瑞士企业就有 14 家，其中雀巢、诺华、嘉能可等知名企业均属于瑞士，大型企业创新能力强，研发投入高，带动瑞士高质量就业和中小企业创新发展；二是中小型企业数量多，瑞士的企业有 99% 是中小企业，其中人员数量在 10 人以下的企业占比超过 85%，这些企业尽管规模不大，但创新效率高、生命活力强。

大小企业"双驱动"的发展壮大离不开高效的创新主体培育系统。瑞士有专门的创新创业培养服务机构，它们通过辅导、培训、资金支持、无息贷款等多种方式扶持带动年轻的创新创业者。同时还建立导师负责制，对相应的导师从学历、职称、教育经历、管理经验、工作经验，以及语言表达能力和思想政治方面进行严格审核。在瑞士，从高校学生的创新创业活动到初创企业发展成为中型企业甚至大型企业，都有相应的导师提供辅导和咨询服务。

（3）浓郁的创新文化氛围和优质的教育体系。首先，瑞士国土面积狭小、自然资源匮乏，当地人对创新高度认同，依靠知识财富和科技创新才能振兴经济的观念深入人心。具体表现在高校、科研院所、企业等创新密集群体高度重视创新，极为关注研发投入。其次，瑞士从小学开始就有意识培养学生对创新的兴趣和动手实践能力，激发全民对于创新的热情。在瑞士教育中，职业院校同样受到欢迎，约70%的高中毕业生选择进入职业院校进行技能培养，他们把技能培训作为教育发展的根本任务，让成千上万不同层次的人接受技能培训和终身学习，是承担着国家科技创新发展的重要原动力。全民创新的文化氛围和优质的教育体系造就了瑞士"创新之国"的先进地位。

（4）政府"松绑"的服务意识。瑞士的科技创新能走在世界强国之前，很大程度上得益于联邦政府在创新生态系统中发挥的作用。瑞士政府倡导企业创新应有自由发展的空间，无须立太多规矩。因为过多的政策干预一方面不能带动相关企业创新发展，另一方面也带给企业相应的束缚，不利于企业发展。因此，政府并非频繁地出台政策条款，而是奉行简化管理，为企业减负，把支持创新的重点放在为企业服务上，营造科技创新发展的最佳环境。瑞士联邦经济事务所建立了专门服务中小企业的电子政务系统，用于为初创企业的经营发展提供信息咨询和事务处理，同时瑞士政府还为企业的投融资建立担保体系，为企业与政府沟通建立"中小企业论坛"和产学研合作平台。而且政府为企业提供的各项服务均为免费，甚至提供"主动式上门服务"，真正将政府服务落实到企业发展的各个环节。

四、芬兰国家创新生态系统

芬兰作为北欧的一个小国家，占地面积仅有33万平方千米，是北欧较具创新力的国家之一。20世纪90年代的诺基亚一度使芬兰享誉全球，随着苹果、三星等智能手机的推出，其虽渐渐衰退，但芬兰并没有从世界经济版图上消失，仍然是全球公认的"创新型"国家。根据《全球竞争力报告》《欧洲创新记分牌》、世界知识产权组织发布的《全球创新指数排行榜》等多项评价报告显示，芬兰的国家创新竞争力居于世界领先地位，被认为具有"世界上设计得最好的创新生态系统"。

1. 一流的国家科技创新体系

芬兰的国家科技创新体系是指以市场为导向，由政府、企业、高校、科研机构、中介机构等相互作用，共同组成具有建设性的国家创新网络机构，其主张以公私合作为发展理念，共同协调国家的科技创新活动。该系统由议会、内阁等政府首要领导负责国家创新体系的顶层设计，教育部、工贸部等政策制定部门负责抽象政策理念的具体落实，最后由国家技术创新局、国家创新基金会等创新机构推动政策机制向市场推广的有机转化。芬兰国家科技创新体系为本国创新提供科技中介机构、政策资金支持以及科研成果转化的有利条件，同时该系统高度注重产学研合作，如芬兰国家技术创新局（Tekes）是芬兰重要的科研资助机构，但是所资助的项目必须由企业、高校和科研机构共同合作完成。产学研合作的畅通渠道也保障了技术成果的快速转化。

2. 强调产学研合作和孵化的科技产业园

科技产业园是高科技企业发展和集聚的重要场所。芬兰十分注重科技产业园区的建设，自1982年成立第一家科技产业园起，有越来越多的产业园相继建成。芬兰政府强调园区的产学研合作，将所有工业企业尽可能修建在大学和科研机构的周围，致力于以产业集群带动国家创新发展。同时，芬兰政府注重科技园的企业孵化功能，通过科技孵化器提供的各类科技软服务完善和加强科技产业园的产学研合作，如TEKNIA科技园目前已有200多家机构和公司，是芬兰最具影响力的科技产业园区，该科技园以大学为依托，根据大学的科研优势来确定自己的产业领域。在运营机制上，科技园以当地政府和其他机构共同组建合资企业，尽可能将利益相关者集聚起来，激励各方参与，同时还注重提供各类咨询培训业务，打造一流的创新服务和科技环境，吸引高科技企业扎根科技产业园。

3. 完善的教育体系

教育是保障科技创新稳固发展的重要支撑力量。芬兰政府长期以来十分注重教育体系的发展。20世纪60年代，政府就将教育事业放在国家发展的重要地位，对教育领域的资金投入仅次于社会福利开支，占GDP比重的7.5%，远超世界平均水平。在受教育水平方面，芬兰是北欧地区受教育水平最高的国家，全国拥有20多所高等学校和20多所职业技术学院，共同构成了世界领先的国家教育体系，从不同方面为社会输送了大量的创新型人才。值得指出的是，作为欧洲教育体系较完善的国家之一，芬兰十分注重男女受教育平等，鼓励和激发女性对于知识的渴望和求知欲望，其中博士获取人数中女性占一半左右。校企合作也是芬兰教育体系的一大亮点。芬兰的高校和企业结合紧密，企业几乎所有的科研项目均由高校完成，由政府提供高校研发的基础扶持，加快创新成果迅速转化。

第二节　国内创新生态系统发展概况

创新生态系统的发展模式不仅在国外取得了越来越多显著的效果，而且在国内创新驱动发展战略推动下，"生态系统观"也在一些地区"生根发芽"，涌现出一批创新能力领先的地区和城市。在中国，区域层面京津冀、长三角、粤港澳大湾区最具代表性。本书以京津冀、长三角、粤港澳大湾区三个区域创新生态为例，剖析了"组团式"创新生态的发展经验。同时，为了进一步解析跨区域协同创新生态中作为区域中心城市的"增长极"所发挥的功能与作用，本书筛选创新生态排名靠前的典型城市进行重点分析。德勤《2019中国创新生态发展报告》将我国创新生态城市分为三级梯队：第一级梯队以一线城市为主，包括北京、上海、深圳、广州、杭州，表现强势，异军突起；第二级梯队以南京、成都、天津、苏州、武汉、西安为代表；第三级梯队以东莞、佛山、珠海等为代表。因此，城市层面选取第一梯队的北京、上海、深圳及杭州四个城市分析其创新生态系统建设的经验，为后发创新城市提供参考借鉴。

一、京津冀创新生态系统

1. 京津冀地区的发展经验

京津冀地区是中国的"首都经济圈"，包括北京市、天津市和河北省的11个地级市，以及定州和辛集2个省直管市。近年来，随着北京进一步发挥核心引领作用，北京企业、高校、科研院所在其他两地纷纷设立分支机构，京津冀跨区域协同创新和资源共享进一步推进。以中关村示范区为例，截至2020年底，中关村企业在天津、河北两地设立分支机构达到8816家，包括3969家分公司和4847家子公司，主要集中在电子信息、环保、新能源等高新技术领域。在高校和科研院所方面，北京理工大学、北京中医药大学等北京高校在河北设立分校、校区或下属学院。而河北省科研机构也瞄准北京的研发和人才资源优势设立北京研发中心，促进了京津冀地区创新资源的双向流动，逐渐形成了以北京为辐射点，辐射圈不断优化，区域进一步融合发展，可推广可复制的京津冀创新生态系统发展模式。现将京津冀创新生态系统的实践经验总结如下：

（1）中央及地方政府政策的推动。京津冀创新生态的构建得益于中央与地方政府长期对三地科技协同的规划与支持。从 2014 年开始，京津冀三地政府就开始有目的地推进三地科技合作，加强区域生态协同、共享发展。

2014 年，三地科技部门联合签署科技领域开展基础研究和国际合作领域的合作框架协议，开始建立科技合作的平台与机制。2015 年，《京津冀协同发展规划纲要》的发布标志着京津冀协同发展有了比较清晰合理的规划。2015 年，北京印发《关于建设京津冀协同创新共同体的工作方案（2015—2017 年）》，决策层面充分发挥北京在科技创新方面的引领作用及辐射带动作用，同时让河北与天津承接、疏散北京的部分非首都功能，促进京津冀三地提高协同创新能力和产业技术水平。

围绕《京津冀协同发展规划纲要》，三地在产业转移、科技人才、平台建设等方面进一步开展制度建设。2016 年，《京津冀产业转移指南》旨在引导京津冀地区合理有序承接产业转移，加快产业结构调整；《京津冀系统推进全面创新改革试验方案》旨在促进创新资源合理配置，推进三地政策链、产业链、创新链、资金链深度融合。2017 年，《京津冀人才一体化发展规划（2017—2030 年）》作为首个跨区域的人才规划旨在服务京津冀协同发展的重大战略，提出京津冀人才一体化发展目标，开展人才专项规划。2018 年，京津冀继续在基础研究、科技创新圈合作、协同创新共同体建设等方面破除体制机制对创新活动的阻碍，建立引导北京资源优势扩散和三地开展紧密科技合作的机制，并发布 2018～2020 年行动计划，努力打造区域协同发展改革的引领区。

2019 年开始的河北雄安新区建设是京津冀打造协同发展区域格局的重要一环。以雄安新区为核心，有助于培育京津冀新的增长引擎，协同推进首都为中心的世界级城市群。2020 年，《京津冀协同发展规划纲要》规划的目标已基本完成，京津冀三地的空间布局和经济结构得到进一步优化提升，京津科技创新辐射作用进一步增强。政策演化如图 3-1 所示。

综上所述，京津冀协同发展既是顺应国家发展趋势、贯彻中央部署的结果，也是产业转移的客观规律使然。从规划纲要到实施方案、行动方针，从指导纲领到配套支持措施，形成了彼此相互衔接的政策体系。政府在创新生态体系的形成过程中发挥了强有力的推动作用。

图3-1　京津冀创新生态政策演化

资料来源：根据公开资料整理而得。

（2）拥有优越的区位联动和地利优势。京津冀拥有全国其他地区无可比拟的得天独厚的区位优势。北京作为全国的政治、科技、文化中心，集聚了全国最丰富的创新资源，汇集了全国一流的高等院校、优秀人才。以北京为中心的周边地区地理空间邻近，拥有纵横交错的便捷交通体系，不仅有助于整合利用三地的科技资源，促进研究合作，而且地理上对接和支持雄安新区规划建设，推动了中关村科技创新资源的有序转移、共享聚集。"环首都经济圈"的扩展促进了产业协作和转移，有利于构建区域协同创新共同体，为进一步实现京津冀三地的协同发展打下了基础。

（3）探索出有效的区域协同创新的模式。随着京津冀协同创新一系列重大政策的出台和落地，京津冀协同创新水平大幅提高，创新生态建设取得了明显的成效。总结京津冀2014年以来的经验，发现三地在协同创新模式上积累了可复制、可推广的经验。

第一，非常重视基础研究的合作。2015年，京津冀共同签署了《京津冀协同创新发展战略研究和基础研究合作框架协议》。之后，京津冀三地每年发布"基础研究合作专项"，由京津冀三地联合资助、联合研究，持续加大经费投入，形成了较强大的基础研究创新合作网络。2019年，京津冀基础研究为395.01亿元，是 2011 年的 3.09 倍，年均增长率 15.14%。在项目实施中，三地科技主管部门打破科研管理条块分割，建立了在组织、申请、评审、立项、管理成果共享的"五统一"模式，基础研究合作渠道与合作机制得到了有效加强。

第二，合作共建园区推动了京津冀产业协同发展。中关村科技园在北京已经形成了"一区十六园"格局，同时天津、河北还有十家园区与中关村科技园区签有正式合作协议，成为推动京津冀区域联动发展的重要突破口。如北京（曹妃甸）现代产业试验区是推进北京产业转移、承担国家重大科技项目的重要平台，北京·沧州渤海新区生物医药产业基地是北京生物医药企业外迁的重要承接地，北京张北云计算产业基地被定位为"京津冀大数据综合试验区——特色功能区"，等等，园区之间形成了较好的产业梯度转移机制。

第三，在战略合作平台方面，共建产业转移承接平台与协同创新联盟，促进了新技术、新产品在三地间的流通，推动区域成果互联转化。2017 年，京津冀确定将北京城市副中心和河北雄安新区作为两个集中承载地，建立 46 个专业化、特色化承接平台。重点平台的设立，明确了产业转移和产业优先承接的方向，有助于促进区域科技协同创新和产业协同发展。在创新联盟方面，三地合作成立了制造业领域的"京津冀钢铁行业节能减排产业技术创新联盟"、高教领域的"京津冀协同创新联盟"、科研领域的"京津冀科研院所联盟"、天津中关村科技园发起的"京津冀协同创新发展联盟"等，集聚了众多的创新主体，形成了跨区域的协同创新体系，为推进京津冀协同发展增添了发展新动能。

总之，京津冀创新生态自规划以来，创新生态的主体逐渐丰富，创新辐射作用得到了较大的增强。尽管随着京津冀协同创新向深度和广度的拓展，仍存在一些发展的阻碍，但其创新合作的制度、模式、机制为其他地区的跨区域协同创新提供了有益的借鉴。

2. 北京作为重点城市的发展经验

北京作为京津冀的核心城市，是京津冀创新生态的重要引领者和推动者。根据 2019 年德勤公司发布的《中国创新生态发展报告 2019》可知，北京已跻身世界顶尖创新城市之列，在国内创新生态城市排名中排在第一位。从创新机构指标和创新资源指标看，北京均居于第一位。创新环境指标仅次于深圳、广州位于第三位。享有"中国硅谷"荣誉头衔的中关村诞生了我国第一家民营科技企业，第一部科技园区地方立法，是我国第一个国家级高新技术产业开发区，第一个国家自主创新示范区，也是北京科技创新的强大源头。现将北京创新生态系统的实践经验总结如下：

（1）雄厚的科研实力。根据《2019 中国火炬统计年鉴》，2018 年底，北京共有 18749 家高新技术企业，152 个科技企业孵化器，147 个众创空间。2018 年腾讯系创业企业在北京的有 414 家，仅略低于深圳的 433 家。2019 年全国互联网百强企业中北京独占 33%。高校方面，北京拥有 92 所高校，其中有 9 所"985"高校，26 所"211"高校，拥有超过全国 50% 以上的科研院校，以及超过 10 家国家级实验室。早在 2015 年，北京斥巨资建立 13 个高校高精尖创新中心，包括北京大学工程科学与新兴技术高精尖创新中心、清华大学未来芯片技术高精尖创新中心等。不仅如此，百度、京东、美团等互联网巨头斥资建设企业实验室，向人工智能技术研发投入大量社会资本。

（2）创新引领、改革示范的战略定位。北京市作为首都的城市战略定位是瞄准世界科技创新前沿超前布局，进而建设成为全国科技创新中心，打造全球化的创新体系。"三城一区"建设是北京建设全国科技创新中心的主平台，已编制完成了"三城一区"建设规划，签署加强了创新联动的发展战略合作协议，支持鼓励外资研发中心、有影响力的外国企业参与全国科技创新中心建设。中关村是全国科技创新中心的核心区，同时也是国家自主创新的示范区，中关村一直以高精尖产业和科技创新推动经济高质量发展，截至 2019 年底，中关村上市公司达 365 家，其中科创板上市企业 112 家，连续 5 年经济总量保持 10% 以上增速，大量优秀人才到中关村创新创业，成为北京乃至全国自主创新的主阵地，创新创业生态持续优化，积累了宝贵的"中关村经验"。

（3）有吸引力的人才引入政策。为吸引聚集更多海外高层次人才，北京出台了一系列政策措施。以中关村为例，2016 年的 20 项出入境政策措施解决了海外人才签证、入境出境、停留居留等方面的问题。2018 年，"中关村人才 20 条政策"再次集中解决了国际人才进得来、留得下、干得好、融得进等问题，为海外人才定居北京解决了大部分困难，其中多项措施均为全国首创。2020 年，北京成为中国仅次于上海、深圳的最具吸引力的城市。

引进人才是第一步，北京能够聚天下英才而用之，还离不开一系列人才激励政策。北京在人才引进方面，采取了各项有竞争力的人才政策吸引各类优秀人才在京创新创业。北京原来在户籍管理中比较严格，自 2021 年开始，基于老龄化和城市发展的需求，调整了毕业生引入政策，对国内 7 所顶尖高校和"双一流"学科毕业生实行"精准引进"。此外，在人才评价、激励、流动、培养、服务保障等方面也采取了重要变革与创新。为激发科研人员开展成果转化的积极性，北京市建立健全以增加知识价值为导向的科技成果权益分配机制，有效激发了科技人员对成果转化的积极性。

二、长三角创新生态系统

1. 长三角地区的发展经验

长江三角洲（长三角）地区也是我国国家战略层面筹划时间比较久的创新发展重点区域。"长江经济带战略"在 2015 年经济工作会议上被首次提出，这一战略具有非同寻常的战略意义。基于长三角地区在全国经济社会中的重要地位，率先增强长三角区域的创新推动力，有助于引领带动苏浙皖，甚至全国的经济高质量发展水平，构筑形成长三角科技创新生态圈。经过多年的发展，长三角区域创新生态不断优化，创新生态高地效应不断凸显。总结长三角地区创新生态系统的发展经验，可以发现，中央及地方政府政策推动、区域协同创新体系构建、市场机制引导、跨区域集群化发展等做法，可为其他地方政府政策制定提供决策参考。

（1）中央及地方政府政策的推动。长三角区域创新生态系统的演变伴随着长三角经济一体化的发展战略而来。作为一体化发展战略的提出最早可以追溯到20 世纪 90 年代。伴随着中央开发和开放浦东的重大决策，长三角利用发展机遇，于 1992 年成立了 15 个城市的联席会议制度加强区域组织协调。1997 年，《长三角城市经济协调会章程》的制定，首次提出"长三角经济圈"的概念，建立了城市间的协商协调机制。之后，长三角一体化的进程加速推进。2003 年，签署《苏浙沪共同推进长三角创新体系建设协议书》。2008 年，围绕国务院发布的《关于进一步推进长江三角洲地区改革开放和经济社会发展的指导意见》进一步出台行动计划，签署地区合作协议。长三角合作机制进一步深化和完善。2018年以来，长三角一体化进入了更高质量的一体化发展阶段。2019 年，中央印发的《长江三角洲区域一体化发展规划纲要》标志着长三角区域一体化已经由地方战略正式上升为国家战略，具有重要的战略意义。

纵观长三角区域一体化发展的进程，可以看出，中央和地方政府政策的推动是区域创新生态形成的重要推动力。国家推动长江经济带建设的重大战略带动了长三角区域实现协调发展；地方政府则充分利用区域内城市发展的优势与特点，广泛开展区域协同，资源共享，机制构建。政府主导在初期发挥重要作用，后期企业及社会组织等多方力量也共同参与，促进一体化发展不断深入。据《2021

长三角 41 城市创新生态指数报告》显示，长三角地区创新生态系统能力增强、区域创新生态不断优化。梳理长三角地区创新生态的政策演化如图 3-2 所示。

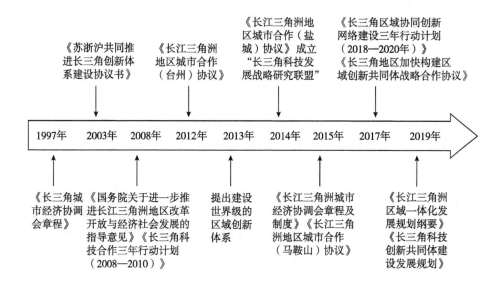

图 3-2 长三角地区创新生态政策演化

资料来源：根据公开资料整理而得。

（2）构建区域协同创新体系。长三角成功的经验在于充分利用集聚的人才、技术、资金科技资源，实现资源流动、共享，化资源优势为产业竞争优势，持续推进跨区域协同创新体系建设，为提升区域发展能级提供了关键支撑。

协同创新体系建设首先体现在统筹规划的协同，共同制定了发展纲要、行动计划、专项行动方案，聚焦一体化构建区域协调发展新格局，以上海、江苏、浙江、安徽为推进责任主体，设立共性技术研发中心、重大专项资金，多方合力推进打造创新"命运共同体"。

协同创新体系的建设体现在创新平台的构建上。为了解决省域之间"以邻为壑"，缺乏公共平台的问题，2018 年，长三角启动建设了科技资源共享服务平台，整合三省一市优秀科技资源，集聚各类科研基地 2671 家，推进数据资源开放共享，提高面向用户的综合服务能力。通过高水平的产学研平台，配套的产业投资发展基金，充分发挥科研创新、技术孵化、成果转换的功能，加速了跨区域科技成果的转移转化。

协同创新体系的建设体现在优化了城市之间的创新合作。从区域空间布局视角看，长三角经历了从"一主（上海）一副（南京）"简单格局到"三主（上海、杭州、南京）两副（苏州、合肥）"格局的演化调整，从以上海为主导，向周边扩散辐射，扩展到跨省域的杭州和南京，形成了"一核五圈四带"的多核心城市群空间格局，有利于长三角城市创新体系的形成。

（3）市场机制的引导。长三角地区创新生态的优化还得益于市场一体化机制的引导，能够有效引导资源的合理分配，最大限度地体现资源应有的价值。在合作载体建设初期，长三角三省一市城市群（上海、江苏、浙江、安徽）共同制定发展规划，创新区域利益协调机制，通过政策支持、税收共享、联合招商等方式，合作共建产业园区、一体化示范区、资源共享服务平台等合作载体，形成了政府、企业、园区等多方成本共担、利益共享机制；在长三角一体化发展过程中，以市场一体化为核心，促进劳动力的自由流动，促进创新要素的市场化配置，形成基于市场一体化基础的区域治理机制；在打造产业转移合作载体过程中，长三角建立了产业引导政策和统一的市场准入标准，制定了跨区域合作载体共同投入、分配合理的财税分享机制，完善了重大项目落地过程中成本分担、利益共享的协商机制；在市场环境营造方面，长三角以龙头企业产业布局为牵引，通过"以商招商"的方式优化了企业营商环境，为企业在人才、厂房、教育、医疗等方面提供便利服务，形成了良好的产业集聚效应。

（4）重视跨区域集群化发展。长三角以共同培育产业集群为抓手，注重各扬所长，以产业链强链补链为核心，形成了良好的分工协作格局，共同打造了跨区域先进制造业集群。江苏、浙江两省先后出台了指导意见或行动计划，在全省范围内统筹考虑，重点培育了无锡市物联网集群、苏州市纳米新材料集群等若干先进制造业集群。

长三角在培育先进制造业集群，注重整合地区优势的同时，也强化集群治理模式创新，以集群发展促进了机构充当协调区域产业竞合关系的桥梁。在培育发展集群过程中，长三角城市群发挥各自的特色产业优势，促进了全产业链深度协作，探索建立跨地区、跨行业的集群发展促进机构，发挥纽带作用，推动了企业、政府、园区等多方主体在跨区域的产业技术创新、集群品牌建设、产业布局等方面展开合作。

2. 上海作为重点城市的发展经验

长三角创新生态系统是在区域融合发展过程中，依托上海的核心地位，不断向周边扩展的多核心发展模式。在《2019 中国创新生态发展报告》中，上海综合创新生态能力排名为第 2 位，仅次于北京，其中创新机构指标排名第 2 位，创新资源指标排名第 2 位，创新环境指标排名第 3 位。在仲量联行发布的《2019 年全球创新城市指数》报告中，上海跻身全球创新城市前 20 名，排名第 11 位。现将上海创新生态系统的实践经验总结如下：

（1）深化体制机制改革。上海深化体制机制改革，着力破除制约创新发展的机制障碍是发展创新生态的关键。深化改革的核心是"放"，在推进创新改革以来，已发布超过 70 个地方配套政策，涉及 170 多项改革举措。值得注意的是，国务院在面向全国推广的 36 项改革措施中，来自上海的改革经验占到 1/4，如海外人才永久居留便利服务试点，研究探索鼓励创新创业的普惠制度等。另外，在科研管理改革与科技奖励制度改革方面，上海的有益探索也值得借鉴参考。在科研管理改革上，以诚信为底线，以创新质量、贡献、绩效为导向，制定了若干配套细则；在科技奖励制度改革上，邀请高层次外籍专家参与提名和评审，提高"科技功臣奖""青年科技杰出贡献奖"的评奖频率等措施均体现了体制机制改革的信号。

（2）强化开放协同。长三角具有对外开放的有利区位优势。经过几十年的发展，尤其是中国加入 WTO 后，长三角在科技、教育、制造业、服务业等方面成为协同开放的典型示范区及国家对外开放的重地，深刻影响了全国其他地区的发展模式。上海利用区域港口群的有利条件积极对接"一带一路"倡议，充分发挥长三角地区在国家"一带一路"建设中的桥头堡作用，与"一带一路"沿线国家开展创新合作，拓展国际市场空间，还建设"中国—阿拉伯国家技术转移协作网络上海基地"等科技创新合作平台，加快融入全球创新网络。

长三角的对内开放程度也比较高。根据《2020 长三角区域协同创新指数》报告，由资源汇聚、科研合作、技术溢出、产业发展和环境支撑五大维度的评价，显示长三角区域科研协同创新指数总体得分 2019 年比 2011 年实现了翻番增长，客观反映了长三角区域协同创新发展的趋势。

综上所述，对外开放和对内开放程度越高，表明经济技术的交流就会越频繁，经济结构、产业结构也就越会向高端化发展。尤其当前面临逆全球化和贸易保护主义抬头的背景下，长三角强化开放协同，将更高层次的对外开放与对内开放相结合，无疑会以更强的底气和韧性参与全球竞争。

（3）聚焦人工智能发展。人工智能领域是上海创新生态建设的一大亮点，也是引领上海创新生态建设的风向标。2019 年，上海印发《关于建设人工智能上海高地　构建一流创新生态的行动方案（2019—2021 年）》，以人工智能"一流创新生态"为突破口集聚优势创新资源，聚焦开展专项行动，建设人工智能创新策源、应用示范、制度供给、人才集聚"的新高地。

（4）打造科技创新中心承载区。上海加快打造科技创新中心承载区的步伐，在推动浦东临港智能制造产业集群发展，推进张江综合性国家科学中心建设，打造杨浦国家"双床"示范基地，打造徐汇科技服务业集聚区，建设松江 G60 科创走廊等大布局上给予了众多政策优惠和资金支持。

（5）推动科技金融深度融合。科技金融深度融合是上海创新生态建设的重要支撑。在构建多元化的科技信贷服务体系基础上，上海深入探索创新型科技保险产品与多层次资本市场建设。2019 年，上海全市科技贷款余额接近 2500 亿元，上海银行业中获授牌的科技支行有 7 家，科技特色支行有 91 家。除此之外，支持保险公司试点专利综合保险工作，探索专利质押融资保险创新工作等相继开展。

3. 杭州作为重点城市的发展经验

杭州作为长三角创新生态系统发展的副核心，在长三角创新生态发展过程中发挥了关键作用。在《2019 中国创新生态发展报告》中，杭州跻身于创新生态城市第一梯队，表现强势，仅次于北京、上海和深圳位于第 4 位。根据《2018 杭州创新创业指数》，杭州创业项目增长率达到 4.09%，连续四年居于全国第 1 位。杭州相比于其他第一梯队创新城市，在高校、科研院所等实力上有较大差距，如何在短短几年内跻身创新强市，其在创新生态建设方面的实践经验值得后发创新城市借鉴学习。现将杭州创新生态系统的实践经验总结如下：

（1）打造"热带雨林式"双创生态系统。杭州有其独特的创新发展方式，致力于打造"热带雨林式"双创生态系统。该系统不仅在硬环境上如高校资源、创业成本、政策扶持等方面着力打造，还包括在人文历史、职业基因、创业服务等软环境方面大力培育，集聚了更多更优的创新主体，提供更加完善的营商环境，营造更加接地气的创新文化，从而让创新活力迸发，实现"撒下一颗种子、长出一片森林"的裂变效应。

（2）数量众多的本地投资机构。通过对其他国家的创新生态实践进行比较，发现当地具有支持创新创业的风险投资机构、对当地具有成长性的企业进行扶植是非常重要的一个条件。杭州作为长三角南翼中心城市，不仅惠享长三角一体化战略的政策优势，更是难得的不限购的投资高地、价格洼地，对于投资者具有较大吸引力，对于创业者也是良好的创业平台。根据《2018 杭州创新创业指数》报告，2017 年杭州创业项目增长率 4.09%，连续四年位居全国第 1 位。结果客观地反映了中国城市层面创新创业活动的情况。根据 2020 年《中国区域创新创业指数》报告，2019 年杭州区域创新创业总量指数得分排名仅次于深圳和广州，得分均超过 99 分。创业投资基金不仅有政府的市创投引导基金，扶持商业性创业投资企业，还有如阿里巴巴、头头是道基金、元璟资本等超过 1800 家的本地投资机构，数量仅次于北京、上海、深圳。本地投资机构对前沿科技趋势有着更为精准的把握，投资领域更加宽广。

（3）专业化、国际化的孵化平台。杭州大力扶持众创空间与孵化器的发展，出台了众多优惠政策措施。为了给创业项目营造低成本的创业环境，杭州对市级众创空间给予连续三年的运营补贴和房租补贴，重点加强投融资风险补偿等。对于科技企业孵化器，每培育一家国家高新技术企业、"雏鹰计划企业"，分别奖励 15 万元和 5 万元。扶持政策奖励力度大，为创新创业氛围的营造提供了强有力的保障。

除此之外，杭州出台了《关于加强众创空间建设进一步推进大众创业万众创新的实施意见》，为众创空间的发展指明了两大方向：一是专业化，要求众创空间、孵化器立足特色产业，建设功能定位清晰、具有产业特色的专业化双创平台，如聚焦生命健康领域的创业平台"贝壳社"。二是国际化，要求众创空间、孵化器在"走出去"的同时也应"引进来"，集聚国际创新资源，推进各类创新主体与国外知名众创空间、孵化器机构的合作。

（4）推进人才生态最优区建设。得益于政策、平台、环境等的综合施策，杭州也成为人才会聚的创新沃土。2019 年，杭州出台"人才生态 37 条"，在高峰人才引育、体制机制改革、全球人才招引等方面提出一系列计划与方案，完善人才招引体系，打造人才集聚高地，创建人才生态最优城市。优厚的政策吸引了全国顶尖人才的加入。2018 年，杭州逆袭北京、上海、广州、深圳，人才净流入率、海归人才净流入率，位居全国第 1 位，也成为"外籍人才眼中最具吸引力的中国城市"。杭州正是凭借制度政策的比较优势，良好的人才生态，最大程度地激活人才活力，为浙江高质量发展建设共同富裕示范区提供了智力支撑。

（5）引进高等院校和科研院所。杭州高校科研院所资源不足，是创新生态发展的短板，为了尽快解决这一问题，2018 年，杭州提出了实施"名校名院名所"的建设工程,计划用10年的时间,引进建设一批国内外有重要影响力的高水平大学和科研院所。在这次建设工程决策部署后,杭州大力引进高等教育资源,已经成功引入多所院校,积累了宝贵经验。例如,2018年设立的西湖大学,是一所非营利性的新型研究型大学,其"高起点、小而精、研究性"的办学定位对新时代中国高等教育办学体制也是一次有意义的改革创新。此外,还有萧山区的"北京大学信息技术高等研究院"、高新区与北航合作成立的"杭州创新研究院"等,顶尖高校的加盟伴随着顶尖人才的会聚,高等院校和科研院所的大量引进是从创新源头上提升科技创新能力,增强区域综合竞争实力的重要举措。

三、粤港澳大湾区创新生态系统

粤港澳大湾区是我国经济最发达、开放程度最高的区域。包括广东9市和香港、澳门两个特别行政区。粤港澳大湾区相比京津冀、长三角,具有其独特的政治、经济特点,其先行先试的制度、雄厚的经济实力、高度开放的环境具有其他地区无法替代的作用。随着粤港澳大湾区合作不断深化,综合实力不断增强,创新生态系统目前处于发展初期,具有巨大的发展空间(段杰,2020)。现将粤港澳创新生态系统的实践经验总结如下:

1. 粤港澳大湾区创新生态系统的发展经验

(1)国家政策的推动。粤港澳大湾区创新生态系统也是国家大力推动的国家战略。2015年,"粤港澳大湾区"概念被正式提出,是继"京津冀经济带""长江经济带"等发展战略之后的又一新增长极发展战略。2016年被写入国家"十三五"规划,同年,国务院印发《关于深化泛珠三角区域合作的指导意见》,支持打造粤港澳大湾区,建设世界级城市群。2017年被写入国务院政府工作报告标志着粤港澳大湾区城市群发展已正式列入国家发展战略,同年,党的十九大报告中又进一步重申,以"粤港澳大湾区建设、粤港澳合作、泛珠三角区域合作等为重点",签署了《深化粤港澳合作推进大湾区建设框架协议》,这是在"一国两制"基础上对中国特色创新方案的试验与探索。

2019年,《粤港澳大湾区发展规划纲要》正式发布,粤港澳大湾区发展的核心是打造成为具有全球影响力的国际科技创新中心,对远至2035年的行动进行规划的纲领性文件,标志着大湾区建设迈上新台阶。粤港澳大湾区创新生态政策演化如图3-3所示。

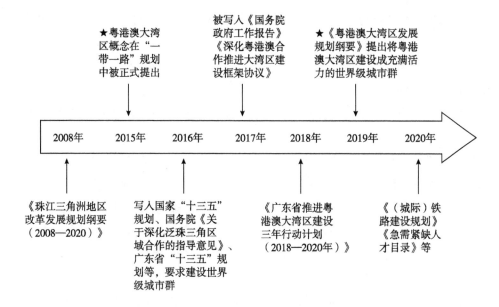

图3-3 粤港澳大湾区创新生态政策演化

资料来源：根据公开资料整理而得。

综上所述，粤港澳大湾区由最早的珠江三角洲城市群发展演变而来，从2015年的构想提出到上升为国家政策，虽然发展起步较晚，但制度创新优势无可比拟，发展势头良好，在经济体量、创新要素、资源禀赋及区位优势等方面，具备了进一步发展更高水平创新生态系统的有利条件。

（2）凝聚粤港澳三地创新资源优势，构建创新合作网络。粤港澳地区能够成为中国创新能力及活力最强的地区，首先得益于粤港澳创新生态系统具有创新主体高度集聚、产业体系完备的优势（辜胜阻等，2018），有200多家高校和科研院所、4.6万家高科技企业高新技术企业汇聚于此。其中，区内国家级高新技术企业总数超过1.89万家，居全国第1位。2020年，有21家粤港澳大湾区企业上榜《财富》世界500强，企业创新主体数量多、实力强，有龙头企业的带动，使大湾区科技创新具有更强的创新驱动力。同时，大湾区拥有高校数量173家（2018年），其中5所为世界百强大学。此外，还拥有由50个国家重点实验室和29个国家级工程技术开发中心，以及众多的孵化器、众创空间和成果转化基地组成的创新平台体系，为人才的引进、科技队伍的建设奠定了重要基础。

其次促进不同创新主体在互惠共生的合作环境中，形成了全方位、高层次的产学研用创新合作网络。深圳和广州是粤港澳大湾区创新网络的两大核心城市，发挥着绝对的创新引领作用。在这两大城市的带动下，创新网络不断拓宽，内部城市合作不断紧密，外部合作资源不断扩充，形成了"多核、多元、叠合、共生"的创新网络结构。

最后产学研深度融合也是粤港澳大湾区协同创新的关键。粤港澳大湾区具备产学研合作的良好基础。香港基础研究能力比较雄厚；深圳创新创业氛围浓厚，广州科教资源丰富、制造业发达；澳门资本实力较强。各地都在布局建设高层次基础与应用基础创新平台，依托各种科技合作计划构建"基础研究+技术开发+成果转化"的创新链，开展跨区域合作。2019年，粤港澳大湾区专利合作申请人中，企业、科研机构、高校分别有1715家、81家和109家，从中可以看出产学研合作中企业占据着主导地位，创新合作覆盖前沿领域众多产业，兼具深度和广度。

（3）极具吸引力的引才政策。打造国际一流的创新生态离不开世界一流的人才。在人才引进方面，粤港澳对标国际一流，出台了吸引、集聚高端人才的措施，"打造教育和人才高地"。发布《粤港澳大湾区（内地）急需紧缺人才目录（2020年）》，建立了动态更新的人才数据库；施行"一事一议""一项一策"，采取如深圳的"孔雀计划"、广州的"红棉计划"等引导各类人才向粤港澳大湾区有序流动。

面对近年来各个城市人才竞争的加剧，大湾区还非常重视留用人才。粤港澳地区通过发展战略性新兴产业、搭建国际人才交流平台、强化科研人员的国际交流合作、打造高水平创新团队为人才提供扶持创新创业的良好发展环境，加大对科技人员在项目申请、成果推广、融资服务、人才安居等方面的支持力度。例如，广东省调整优化省重大人才工程，在珠三角九市先行先试技术移民制度，同等对待引进人才与本土人才，鼓励高层次人才永久居留。

粤港澳大湾区富有活力的创新生态系统还在于其灵活的创新体制机制。一方面，粤港澳大力推进体制机制改革，完善创新人才评价和选用机制，坚持质量为先、贡献为主的科技人才评价方向；另一方面，推进粤港澳大湾区职称评价和职业资格认可，完善粤港澳大湾区人才评价融合发展机制，促进粤港澳大湾区人才自由流动。创新科技人才激励手段，对科技人员实施股权激励，提高科技成果转化积极性，鼓励企业合理运用股权、期权、分红权等工具调动人才工作的积极性，对科技人员的薪酬待遇、激励补贴普遍高于内地，逐步提升了大湾区的人才磁聚效应。

（4）良好的"科技+金融"生态圈。粤港澳大湾区拥有发展科技金融的良好条件。粤港澳既有产业基础、技术创新、金融资源的先发优势，又有包括香港在内的国际金融中心的多体制并存、市场化主导的优势，适合以金融科技为切入点，构建多层次、多元化、国际化的科技金融体系，以技术创新与金融创新"双轮驱动"促进金融和科技双发展。为了扩大金融业改革开放，2020年央行等发布了《关于金融支持粤港澳大湾区建设的意见》等26条金融措施促进大湾区发展绿色金融、科技金融。作为金融强省的广东投资近百亿元，推进粤港澳大湾区国际金融枢纽实施行动，从完善多层次金融服务体系、建设金融创新试验区、鼓励创业创新等方面做出了政策支撑和保障。根据2019年前瞻产业研究院发布的《粤港澳大湾区科技金融生态评价报告》显示，粤港澳大湾区科技金融服务链进一步完善，在科技金融生态建设上已经取得了一定成果。

（5）减税优惠政策的实施。粤港澳大湾区的税收优惠政策也是粤港澳大湾区创新生态建设的一大特色。为了提高创业主体的积极性，降低创业成本和风险，大湾区通过一系列减税政策营造了良好的创新创业创造环境。例如，为了吸引境外高端人才和紧缺人才，政府出台个人所得税优惠政策，由政府给予财政补贴，通过此举拉平与香港、澳门的税负差异，很好地促进了三地的跨境人才流动。对于大湾区企业经营活动，也签订协议尽量协调不同地区的税收管辖权冲突问题，扩展税收优惠政策条件与适用范围，完善相关税收体系，降低企业税收负担和避免重复征税。相关政策的实施一定程度上激发了创新创业创造活力，促进了大湾区的融合发展。

2. 深圳作为重点城市的发展经验

深圳在粤港澳创新生态系统的发展中有着举足轻重的地位，并具备了浓厚的创新文化和创新氛围。深圳经济特区从创建之日起便依托创新迅速崛起，"改革开放""深圳速度""中国硅谷"等都是深圳的象征，得益于此，深圳已成长为全球创新城市之一。在仲量联行发布的《全球创新城市指数》报告中，深圳跻身全球创新城市前20名，排名第14位。在《2019中国创新生态发展报告》中，深圳排名第3名，仅次于北京和上海。深圳已经从全球最大的消费电子生产基地，成功转型为全球最受瞩目的创新城市。深圳市政府对创新生态系统的倾力打造，是深圳不同于世界其他创新城市的最大亮点。现将深圳创新生态系统的实践经验总结如下：

（1）国家政策的大力支持。从1979年成立经济特区到1986年提出建立外向型、多功能的现代化经济特区，再到20世纪90年代末期，深圳提出建立以高新技术产业为龙头、外向型工业为主导的现代化国际性城市，深圳一直处于改革创新的前沿，国家赋予其重要使命的同时，也给予了其众多优惠政策支持。

2019 年 2 月，《粤港澳大湾区规划发展纲要》出台，深圳被定位为大湾区四大中心城市之一，和香港、澳门、广州共同承担作为区域发展核心引擎的重要作用。2019 年 8 月，深圳获批建设"中国特色社会主义先行示范区"，这意味着深圳在 5G、人工智能、网络空间科学与技术等重大创新载体的建设，大数据、云计算、人工智能等技术的应用等方面发挥示范性作用。2020 年，医疗器械领域唯一的国家制造业创新中心落户深圳龙华区，是目前全国组建的 16 个国家制造业创新中心之一，是深圳首家国家制造业创新中心，旨在打造具有全球影响力的高性能医疗器械创新源头和产业辐射基地。先行示范区的打造，标志着深圳改革开放 2.0 时代的启幕，深圳城市价值的天花板随之大幅度提高。

（2）企业的"裂变"创新。根据教育部 2019 年全国高等学校名单，深圳仅有 8 所高等院校，相比于北京、上海其他创新强市，深圳在高等院校和大院大所研发力量方面有所不足，但仍能保持科技创新成果层出不穷，得益于企业的创新能力。在深圳，90%以上的研发人员、90%以上的研发机构、90%以上的研发资金以及 90%以上的发明专利均来自企业，充分反映了企业的创新主体地位。

深圳的创新生态系统中，最引人注目的是以华为系、腾讯系为代表的创新圈层。2018 年，腾讯系创业企业超过 1300 家，在深圳的创业企业达到 433 家，超过北京、上海地区，占总数的 33%。华为、腾讯等一流创新企业在深圳发展历史较久，对深圳创业生态的影响显著而持久。一些离职者"离企不离土"，离职后自立门户成立新创业企业，或是在原企业细分领域深耕，或跨界成为其他行业的先导者。这种由大型创新型企业外溢员工形成的创新圈，是创新溢出的一种隐性特征，成为深圳创新生态体系的重要原发性因素。

（3）营商环境的强力支撑。根据 2018 年以来的《中国城市营商环境评价报告》，深圳营商环境指数排名稳居全国前三位。一流的营商环境是深圳迅速崛起、成为创新强市的重要法宝。从粤港澳大湾区区域来看，在深圳周边，广州拥有雄厚的研发和制造基础，东莞产业融合发展能力强，佛山落户了智能制造创新示范园。深圳一方面依托发达的外围产业环境；另一方面依靠自身强大的创新能力，形成得天独厚的发展环境。例如，深圳加工装配业发展历史长，形成了完整的产品加工产业链与供应链，高度专业化分工使硬件创新的链条在各个环节都十分高效。一个硬件创业者可以轻松在当地找到完整的从上游的元器件供应商到下游的代工厂供应链。

（4）知识产权的立法保护。创新离不开知识产权保护，深圳立法实施知识产权保护是创新生态发展的一大保障。2017年深圳为打造国家高水平知识产权示范城市，出台了加强知识产权保护的36条举措，构建了快速受理、授权、确权、维权服务体系。2018年，深圳加快推动国家知识产权综合管理改革试点，落实深化体制机制改革、依法实施最严格的保护、提升运用和服务水平等19项任务，打通知识产权创造、运用、保护、管理、服务全链条；加快推动国家重大工程项目落地，加快完成中国（南方）知识产权运营中心、国家知识产权培训（广东）基地的挂牌并正式运作；2019年3月正式实施的《深圳经济特区知识产权保护条例》是深圳为建成国际化创新型城市在知识产权保护制度方面所做的先行探索，也是我国首部以知识产权保护为主题的地方法规。

（5）"创新"文化的深度扎根。文化精神品质是一个城市发展的内在动力与源泉。深圳形成的"鼓励创新、宽容失败"的创新型文化是其取得举世瞩目创新成就的一个重要底蕴。其文化特质主要表现在，社会注重奖励好创意、好点子；给予有才华、有技术的人以发展的机会；宽容创新失败者，并视创新实践失败为宝贵经验；等等。这种文化特质的形成受到多种因素影响，如深圳是个移民城市，具有典型的宽容的文化特征；深圳毗邻香港，受其冒险拼搏文化的影响等；深圳的"创客"文化由来已久。作为创客发展最为迅速的聚集地，深圳已经诞生了柴火空间、创客工作坊、创客市集等10多个知名的众创空间，它们在一定程度上起到了民间"科技驿站"和创新孵化器的积极作用。此外，顺应草根创新、创客兴起的新潮流，深圳还关注青年创新、学生创新、创客活动等小微创新、万众创新、草根创新等活动，举办创新创业大赛，发起设立中国创客联盟等，创新文化进一步生根发芽。

第三节　启示与借鉴

除上述美国、英国、瑞士、芬兰四个地区外，国外创新生态系统发展比较有特色的地区，还有以色列特拉维夫、新加坡等地。以色列特拉维夫能够成为全球久负盛名的"创新型全球城市"，其成功的经验在于丰富的创新要素集聚和高水平的创新主体协同，形成了可持续发展的区域创新生态；新加坡的创新生态则是由政府主导型向企业主导型转变，成为依赖高度开放的跨国研发平台、会展平台的高端创新集聚区。综上所述，对国外创新生态系统发展模式和实践经验进行比较，如表3-1所示。

表3-1 国外创新生态实践对比

国外	发展模式	实践经验
美国	以高校为源头，借助多元化的创新物种、良好的制度环境以及企业文化形成独特的社会网络体系	①政府支持保障良好的制度环境 ②高等院校提供创新源头 ③创新联盟发挥重要作用 ④独特的硅谷企业文化
英国	依托剑桥大学成立科技园，以人才孵化科技园区，吸引资本	①产业历史和地理位置优越 ②剑桥大学独特作用 ③创新科技园和孵化器 ④风险资本的涌入和商业服务的供给
瑞士	以良好的政府服务意识、优质的高校教育体系、雄厚的科研资源，充足的人才资源和知识储备形成创新体系	①声誉卓越的高等学府和科研机构 ②高效的创新主体培育体系 ③浓郁的创新文化氛围和优质教育体系 ④政府"松绑"的服务意识
芬兰	以市场为导向，倡导公私合作，利用完善的教育体系推动产学研合作，孵化科技产业园，建立一流的国家科技创新体系	①一流的国家科技创新体系 ②强调产学研合作和孵化的科技产业园 ③完善的教育体系发展
以色列	以企业为主体、市场为导向，不断探索混合式创新，形成可持续发展的区域创新生态	①政府主导的"三螺旋"运行架构 ②大量的孵化器、加速器和研发中心 ③"创新创业+资金市场+融资政策"的多方共赢投融资模式 ④良好的创新创业文化
新加坡	由政府主导型向企业主导型转变，发展为更具科技含量和高度开放的综合性贸易自由港	①"科技企业总部基地+科技园区扩散"战略 ②以会展业作为区域经济的助推器

资料来源：笔者整理而得。

国内区域创新生态系统发展以京津冀、长三角、粤港澳大湾区为典型代表地区，由重点城市创新生态系统的打造进而辐射到周边地区，带动区域产业结构优化，其发展模式和实践经验归结如表3-2所示。

表3-2　国内创新生态实践对比

国内	发展模式	实践经验	重点城市
京津冀	以北京为辐射点，打造强辐射圈，促进京津冀协调发展	①中央及地方政府政策的推动 ②拥有优越的区位联动和地理优势 ③探索出了有效的区域协同创新的模式	北京： ①充分利用雄厚科研实力 ②创新引领、改革示范的战略定位 ③有吸引力的人才引入政策
长三角	依托上海的金融地位，采用多核心发展模式，促进长三角协调发展	①中央及地方政府政策的推动 ②构建区域协同创新体系 ③引导企业有序流动，形成新的产业发展格局 ④培育先进的制造业集群	上海： ①深化体制机制改革 ②强化开放协同 ③聚焦人工智能发展 ④打造科技创新中心承载区 ⑤推动科技金融深度融合 杭州： ①打造"热带雨林式"双创生态系统 ②数量众多的本地投资机构 ③推进人才生态最优区建设 ④引进高等院校和科研院所
粤港澳大湾区	基于深圳的独特文化与理念，采用多样化的外向型发展模式	①国家政策的推动 ②凝聚粤港澳三地创新资源优势，构建创新合作网络 ③极具吸引力的引才政策 ④良好的"科技+金融"生态圈 ⑤减税优惠政策的实施	深圳： ①国家政策的大力支持 ②企业的"裂变"创新 ③营商环境的强力支撑 ④知识产权的立法保护 ⑤"创新"文化的深度扎根

资料来源：笔者整理而得。

对比国外和国内创新生态系统的发展情况，可以发现，上述典型创新生态系统之所以能在区域经济中脱颖而出，具有一些共性特点，譬如系统具有良好的创新主体培育体系，能够集聚企业、科研院所、大学、政府、非政府组织、中介、孵化器等众多创新主体，拥有浓厚的创新文化氛围和良好的制度环境，通过创新联盟、创新平台促进创新因子有效会聚、有机联结、协同互动等。

同时，在对比中也发现，国外的创新生态大多起源于高校，并且得益于高校优质的教育体系，高校在创新生态中肩负着人才培养的责任。依托高校人才孵化的科技园区有利于打破人才壁垒，与高校实现人才互通，如芬兰拥有世界领先的国家教育体系，倡导公私合作的发展理念，建立了以市场为导向的创新体系。

国内的创新生态趋向于区域融合发展，区域化创新生态系统发展良好，可以有效发挥城市具有的优势，实现帮扶作用和联动效应。国内的创新生态兼顾区域特点，因地制宜探索出适合本区域发展的创新生态系统。例如，京津冀定位于全国的政治文化中心和科技创新中心，通过疏解非首都功能带动京津冀城市群协同发展；长三角定位于经济中心和重要国际门户，通过"一极三区一高地"打造合理城市层级结构的"热带雨林式"生态系统；粤港澳大湾区定位于内地与港澳深度合作示范区，通过经济多元化发展、国际金融、科技创新高端化带动大湾区高质量发展。

这给山西的创新生态带来了如下启示：山西的创新生态系统的构建也必须坚持"国家资源型经济转型发展综合配套改革试验区"的明确定位，必须从良好的政府服务意识、优质的教育体系、公私合作的发展理念和以市场为导向的发展原则等出发，有机整合国内外、省内外要素资源，培育崇尚创新的文化和氛围。另外，山西作为资源型城市，自身的创新生态发展条件较弱，可发展空间有限，须在准确把握自身阶段发展特征的基础上融入京津冀、长三角等较发达城市群，构建更加开放的创新体系。

第四章　中国创新生态系统的发展概况

改革开放以来，我国经济快速发展主要源于发挥了劳动力和资源环境的低成本优势。当前我国已经进入了高质量发展的新阶段，劳动力和资源环境低成本优势逐渐消失，而依靠技术创新建立的创新优势持续时间更长、竞争力更强。中国政府聚焦创新的核心战略地位，在实施创新驱动战略的实践和探索中取得了长足的进步。山西的创新生态系统"小气候"离不开全国的创新生态系统建设和资源型地区转型发展的大背景。因此，本章将从中国创新生态系统建设总体发展情况和资源型地区创新情况两方面阐述和刻画山西创新生态系统所处的宏观外部环境与竞争格局。

第一节　中国创新生态系统建设现状

中国的创新生态在近年来虽然取得了长足进步，但与其他国家和地区相比仍存在不足和提升空间。中国创新生态系统建设现状可以从成效、特点、挑战、发展趋势四方面概述。

一、中国创新生态系统建设取得的成效

当前，中国高度重视创新，在《国家创新驱动发展战略纲要》中，中国要建成世界科技创新强国。根据德勤（Deloitte）发布的《中国创新生态发展报告2019》，中国在全球创新体系中的地位从2016年的第26位上升到2019年的第14位，是前30名中唯一的中等收入经济体。2018年，中国战略性新兴产业对GDP增长贡献率接近20%，在全世界研发投入最多的2500家企业中，上榜的中国企业的数量每年都在稳步增加，且研发投入增速远远高于世界平均水平。在研究人

员、科技出版物和国内专利申请的绝对数量上，居全球第一位，研发支出占 GDP 的 2.1%，全球排名第 15 名。

ICT、互联网等发展成为中国产业创新的新动力。华为、中兴、百度、阿里巴巴、腾讯等企业通过前沿技术和商业模式创新迅速崛起。截至 2019 年 8 月，中国初创企业独角兽企业为 96 家，居全球第二位。从风险投资和孵化器看，2018 年中国风险投资额达到 938 亿元，居全球第一位，2018 年中国孵化器总数超过 4849 家，众创空间达到 6959 家，总数列全球第一位。

二、中国创新生态发展的特点

中国创新生态在区域发展、行业发展方面存在巨大的差异，这是中国创新生态区域发展不均衡的表现。

1. 区域发展异质性

中国创新生态发展具有显著的区域异质性。中国创新生态在京津冀、长三角、粤港澳大湾区发展势头好。京津冀地区以北京为创新生态核心，创新机构、创新资源以及创新环境均优于其他地区，随着全国科技创新中心城市战略的实施，北京将建设国际一流的新型研发机构，致力于量子信息、脑科学与类脑研究、人工智能等前沿领域的探索；长三角地区以上海、杭州的带动效应最为显著，尤其是杭州，在人工智能方面取得长足突破，2018 年创新资本涌入超过深圳；2019 年第一季度独角兽企业超过深圳；粤港澳大湾区则以广州和深圳为龙头，推动制造业创新升级，如广州的"IAB"（新一代信息技术、人工智能、生物医药）战略。中西部地区在政策驱动下，创新生态建设发展迅速，形成以成都和武汉为核心的西部成渝地区和中部地区创新生态核心区。

东中西部发展态势的差异与不同地区出台的创新生态建设政策也有很大的关系。东中西部各地区对于创新生态建设在政策上均有不同程度的支持。

东部地区的主要特点为：①东部地区的创新生态政策，依托良好的经济基础以及沿海的区位优势，视野相对更为广阔，其科技创新合作更为国际化，如江苏省提出要发挥苏南科教资源丰富和开发开放优势，面向全球集聚高水平创新载体，深化与以色列、芬兰、挪威、荷兰、瑞士等重点创新型国家和地区的产业技术研发合作。对科技创新人才的需求也兼顾国外人才引进，如《南京都市圈外国人才来华工作许可互认实施方案》的实施促进了国际人才的高效配置。②东部地区创新生态的相关政策也多有关于促进政府机构改革以适应区域内创新生态建设发展的措施,如福建省提出要推动政府职能从研发管理向创新服务转变;北京市指出应持续深化科研管理改革,创新科研项目资助方式,在国家实验室、新型研发机构等新型科研载体探索实行"揭榜挂帅"等制度。③东部地区的创新生态政策在探索前沿技术与创新生态建设的结合上也相对具有前瞻性,如江苏省提出要重点推进南京珠江路信息服务、苏州工业园区云计算、无锡高新区物联网、苏州相城机器人及智能装备等众创社区建设;北京市提出要提升要素通关便利化水平,基于区块链数字基础设施进行跨境贸易领域区块链部署。

中部各地区的创新生态政策的特点表现为:①政策出台方面更为注重创新生态中基础服务设施的构建、创新氛围的培养,如湖北省提出要优化科技金融营商环境和创新生态支撑服务体系,促进创新链、资金链、产业链的互通融合;江西省提出要形成富有活力的政策环境和尊重知识、尊重人才、尊重创新的社会氛围;山西省提出要着力解决创新氛围不浓等事关一流创新生态建设的关键问题。②由于中部地区的经济基础相对落后,反映在政府政策上就是更为侧重对创新主体的融资、资金筹措方面的扶持,如湖北省提出应提供灵活便捷的契合科技创新创业特征的低成本、长周期、高效率的科技信贷产品和服务;江西省提出要对为科技型中小企业贷款业务的贷款提供风险补偿。总体来看,中部地区由于经济基础要逊于东部地区,创新生态环境亟待优化。

西部各地区创新生态政策的特点表现为:①西部地区由于经济发展的相对落后、地域区位的相对封闭,在人才引进、创新平台服务方面较为欠缺,因此西部各地区的创新生态政策更加倾向于人才引进、创新平台构建方面,如四川省实施的《"天府高端引智计划"实施办法》,提出要支持重大基础研究创新平台加快落地建设;甘肃省提出要突出营造推进科技创新的社会环境和人才环境,分层分级打造各类科技创新平台;宁夏回族自治区提出要优化人才引进服务机制。②西部部分地区生态环境较为恶劣,所出台的创新生态政策也与其区域特点相结合,如宁夏回族自治区提出在科技成果转化中应优先转化能够合理开发和利用资源、节约能源、降低消耗以及防治环境污染、保护生态的创新成果。③西部地区因发展水平限制,其创新主体数量及创新能力还存在较大不足,其相关政策也多有对这一方面的侧重,如四川省《关于全面加强基础研究与应用基础研究的实施意见》通过加强基础研究来达成原始创新能力显著提升的目标;宁夏回族自治区《宁夏引进区外国家高新技术企业来宁设立法人企业奖补资金管理办法(试行)》通过引进区域外高新技术企业来增加创新主体,提高区域创新能力。

总结梳理东、中、西部三个区域的创新生态政策，能够发现三个不同区域的创新生态政策也存在一定的共性，三个区域尽管经济发展水平各不相同，也存在各自的区域特点，但在关于创新生态构建中均有创新平台构建、创新人才引进、技术交易市场完善、科研仪器开放共享、科技成果转化方面的措施，这是由创新生态的内涵、运行机制所决定的，因此，各区域在创新生态建设的相关政策上也具有一定的相同点。东、中、西部不同地区的创新生态政策差异见附录二。

2. 行业发展差异性

中国创新领先行业主要体现在人工智能、无人驾驶、先进制造等行业。

在人工智能领域，中国是世界上对人工智能应用最积极的国家之一，2018年中国人工智能投融资规模达1311亿元，融资事件597笔。截至2018年，中国人工智能领域融资总额占全球融资总额的60%。从行业来看，人工智能已经在医疗、健康、金融、教育等多个垂直领域得到应用，加上各地政府为推动新旧动能转换纷纷出台与人工智能相关的产业规划，人工智能已经在长三角、珠三角、京津冀等区域形成人工智能产业集群。此外，各地科研院所在算法、算力、数据等层面为人工智能提供了大力支撑。

在无人驾驶汽车领域，根据中国汽车工程学会发布的《节能与新能源汽车技术路线图2.0》，2035年中国新能源汽车总销量将达到50%以上，纯电动汽车则将占到新能源汽车的95%以上。在商用端，中国在全球范围内率先将无人驾驶清洁车、无人驾驶电动卡车、无人驾驶快递车投入使用。在产业集聚方面，传统车企与互联网企业强强联合，进一步推动无人驾驶汽车的快速发展，如长安汽车与百度、阿里、英特尔等合作，北汽集团与百度和德国博世公司展开合作。高校则为企业提供了前瞻性的技术指导和充足的人才资源，许多无人驾驶初创企业就是由学生团队或实验室孵化而成。现阶段，无人驾驶技术已应用至物流、公共交通、共享出行、环卫等领域。

在先进制造领域，中国智能制造已经进入高速成长期。一是中国工业企业数字化能力素质提升，为未来制造系统的分析预测和自适应奠定基础；二是财务效益方面，智能制造对企业的利润贡献率明显提升；三是中国已成为工业机器人第一消费大国。

三、中国创新生态面临的挑战

总体来看，中国创新生态系统日渐完善，但在以下几个方面仍存在挑战：

（1）核心技术仍需追赶。中国企业与科研机构创新能力仍然偏低（姜庆国，2018），在通信、电子设备和精密仪器制造、半导体材料和制造等方面中国尚未掌握关键核心技术，对外依存度较高。中国的核心芯片很大程度上依赖进口，在芯片设计制造方面中国仍处于全球产业的中低端环节。

（2）"伪创新"破坏创新环境。部分企业本无创新能力，吝于研发投入，将无创新核心的产物包装成创新产品，阻断了其他企业的成长路径，扰乱了创新生态环境。

（3）盲目追求"速成"的创新。在资本的诱惑下，越来越多的企业追求创新快速化、融资最大化，通过贩卖概念，营造想象空间吸引投资，忽略了潜心培育具有创新性的技术和项目。

（4）人才缺口巨大。人才集中度不突出，高质量人才数量相比国外较少，巨大的人才缺口使创新乏力。

（5）创新缺乏质量意识。如果企业一味追逐表面为创新的热点概念、模式，而不着力提高创新产品的质量，实则是没有创新意识的模仿。

四、中国创新生态的发展趋势

（1）区域经济一体化促进创新资源的协同配置。在区域经济一体化的发展中，长三角、京津冀、粤港澳是中国三大主要城市群，其他还有东北地区、中原地区、成渝地区、长江中游等地区。由于中国创新生态发展具有典型的区域异质性，不同地区创新环境、创新基础、创新主体以及创新文化等截然不同，东部发达地区城市群与中西部资源型地区形成了鲜明的对比。未来，一方面各级政府首先根据自身的实际发展状况，具体问题具体分析，因地制宜制定符合自身的创新生态发展政策，打造独具特色的创新生态系统；另一方面区域内及区域间创新资源不断融合和衍生，各要素相互交叉，将形成创新生态联动发展的新局面。

（2）数字经济的快速发展推动中国创新生态走向全球化。2018年我国数字经济规模已达到31.3万亿元，增长为20.9%，占GDP比重达到34.8%，伴随着数字经济与实体经济的不断融合，中国的创新技术与产品正不断走向全球化，如电子商务、移动支付、共享单车等在世界领先的创新模式均与数字技术相关。未来数字经济将与实体经济加强融合，数字经济生态的发展将带来更先进的人才及更先进的生产力，促进产业创新生态的完善。

第二节　资源型地区创新生态建设概况

创新生态也是资源型地区经济转型发展的新引擎。然而，资源型地区具有同发达省份不同的先天劣势。东部发达省份依靠雄厚的经济基础和强大的科技力量得以快速发展，而资源型地区产业结构严重依赖煤炭等自然资源，创新水平与科技水平都比较落后。研究山西的创新生态系统构建，对于其他资源型地区的转型发展具有重要的启示和借鉴意义。

一、资源型地区发展现状

"资源型地区"一词源自 20 世纪 70 年代处于国家政治经济转型过程中的西欧和北美，指的是生产要素主要以本地区矿产、森林等自然资源投入为主导的产业形成的区域增长中心和空间集合，包括采掘业和初级加工业等。资源型地区有成长型、成熟型和枯竭型等不同的类型。据国务院发布的全国资源型城市名单（2013 年版）统计，全国资源型城市有 262 个，其中地级行政区（包括地级市、地区、自治州、盟等）126 个，县级市 62 个，县（包括自治县、林区等）58 个，市辖区（包括开发区、管理区）16 个。资源型城市数量较多的省份有内蒙古、山西、陕西、新疆、贵州、山东、河南、安徽等。

（1）资源型地区产业结构现状分析。资源型地区经济结构比较单一，普遍以资源型产业为经济支柱，产业结构固化且处于低端或中低端，主导产业为采掘业及其原材料初加工业，产业链条较短，这些特征决定了资源型地区主导产业无须太高的技术要求与创新水平较低，导致传统产业转型困难，新兴产业培育缓慢，创新水平难以提升。近年来，随着传统资源逐渐枯竭及新能源的快速发展，资源型地区往往陷入"资源诅咒"之中，地区经济活力降低、竞争力下降、效益下滑，对资源依赖程度高的部分地方（如地区内老工业城市）甚至面临全面衰落的危险和困境，创新发展面临巨大瓶颈。

究其原因，是因为仅依靠生产要素投入和投资驱动的数量型经济发展旧动能已明显减弱。从长远来看，长期依靠生产要素和投资驱动，在更深层次上对资源型地区长远发展带来严重消极影响。一方面，生产要素的减少或枯竭、市场和利润的萎缩等不仅严重抑制了生产和投资,更造成资源型地区人口特别是劳动力人口外流、人才引进困难;另一方面,资源型地区前期发展过程中造成的生态环境恶化致使生态压力显著增大,部分原资源富集地带开始出现由于生态环境退化影响人们安居的状况,如矿山或煤矿采空区经过多年开发后,水土大气遭到严重污染,生态承载力已接近甚至达到极限,未来发展的空间已明显缩窄或消失,生态约束成为资源型地区继续发展的刚性约束。

以资源型城市超过 10 个以上的省份为准,通过研究第一、第二、第三产业增加值在地区生产总值的占比,以反映其产业结构的变化,各资源型省份第一、第二、第三产业增加值占地区生产总值的占比如表 4-1 所示。

表 4-1 第一、第二、第三产业增加值占地区生产总值比例

年份	2017			2018			2019			2020		
省份	第一产业	第二产业	第三产业	第一产业	第二产业	第三产业	第一产业	第二产业	第三产业	第一产业	第二产业	第三产业
河北	0.102	0.417	0.481	0.103	0.397	0.500	0.101	0.383	0.517	0.107	0.376	0.517
山西	0.050	0.458	0.492	0.046	0.443	0.510	0.049	0.440	0.511	0.054	0.435	0.512
内蒙古	0.111	0.394	0.495	0.108	0.393	0.499	0.108	0.393	0.499	0.117	0.396	0.488
辽宁	0.088	0.384	0.528	0.086	0.385	0.529	0.088	0.381	0.531	0.091	0.374	0.535
吉林	0.100	0.366	0.534	0.103	0.360	0.537	0.110	0.353	0.538	0.126	0.351	0.522
黑龙江	0.241	0.286	0.473	0.234	0.275	0.491	0.235	0.269	0.496	0.251	0.254	0.495
安徽	0.087	0.427	0.486	0.078	0.414	0.508	0.079	0.406	0.515	0.082	0.405	0.513
江西	0.091	0.467	0.442	0.083	0.444	0.474	0.083	0.439	0.478	0.087	0.431	0.481
山东	0.077	0.427	0.496	0.074	0.413	0.513	0.073	0.399	0.528	0.073	0.391	0.535
河南	0.092	0.467	0.440	0.086	0.441	0.472	0.086	0.429	0.485	0.097	0.416	0.487
湖北	0.095	0.422	0.483	0.084	0.418	0.497	0.084	0.412	0.504	0.095	0.392	0.513
湖南	0.089	0.398	0.513	0.085	0.383	0.532	0.091	0.386	0.523	0.101	0.381	0.517
广西	0.162	0.345	0.493	0.154	0.341	0.505	0.160	0.332	0.509	0.160	0.321	0.519
四川	0.112	0.384	0.503	0.103	0.374	0.523	0.104	0.371	0.526	0.114	0.362	0.524
云南	0.126	0.342	0.532	0.120	0.348	0.532	0.131	0.347	0.522	0.147	0.338	0.515
甘肃	0.117	0.343	0.540	0.114	0.341	0.545	0.122	0.328	0.550	0.133	0.316	0.551

资料来源:《中国统计年鉴》(2017~2020 年)。

由表 4-1 可知，从整体占比上分析，资源型地区第一产业增加值占地区生产总值的比例除黑龙江超过 20%外，其余省份均在 10%左右；第二产业增加值占地区生产总值的比例除黑龙江低于 30%外，其余省份均在 40%左右；第三产业增加值占地区生产总值的比例均稳定在 50%左右。与发达省份相比，以北京为例，2020 年北京第一、第二、第三产业增加值分别占地区生产总值比例为 0.3%、15.8%、83.9%，第三产业占比高出资源型省市 30%左右。根据资源型省份各年第一、第二、第三产业增加值占地区生产总值比例得图 4-1~图 4-3。

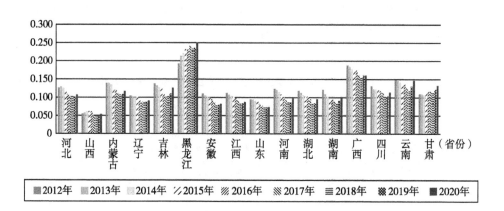

图 4-1 2012~2020 年资源型省份各年第一产业增加值占地区生产总值比例

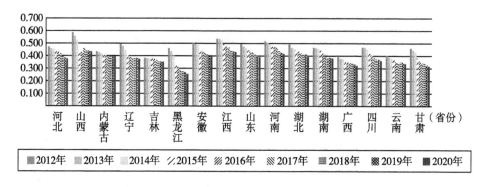

图 4-2 2012~2020 年资源型省份各年第二产业增加值占地区生产总值比例

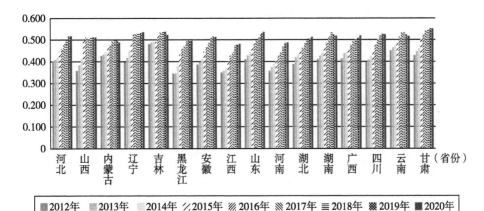

图4-3　2012~2020年资源型省份各年第三产业增加值占地区生产总值比例

如图4-1、图4-2、图4-3所示，资源型省份第一产业占比除黑龙江外，其余各省均呈下降趋势，而黑龙江呈上升趋势；第二产业占比也呈下降趋势，第三产业占比呈逐年上升趋势且稳定在50%左右。这说明资源型地区产业结构也处于不断调整之中，第一、第二产业占比均有不同程度下降，第三产业呈扩张之势。

（2）资源型产业现状分析。关于资源型产业内含的界定，本书采用把多勋（1997）对资源型产业的内涵界定，即资源型产业是指以能源和矿产资源开发为主的产业，包括采掘业和制造业中的资源加工业，是重工业的重要组成部分。根据《国民经济行业分类》（GB/T 4754-2011），以及数据的可取性选择14个行业作为本文的资源型产业类型，具体为石油和天然气开采业、煤炭开采和洗选业、有色金属矿采选业、黑色金属矿采选业、石油加工炼焦和核燃料加工业、非金属矿采选业、非金属矿物制品业、有色金属冶炼及压延加工业、金属制品业、黑色金属冶炼及压延加工业、燃气生产和供应业、水的生产和供应业、电力热力生产和供应业、废弃资源综合利用业。

通过对部分资源型省份2018年资源型产业增加值占第二产业增加值的比例的统计分析，用以明晰资源型省份资源型产业在第二产业中发挥的作用。结果如表4-2所示，其中北京作为对比省份列入表中。

表4-2 2018年部分资源型省份资源型产业占第二产业增加值比例

省份	资源型产业增加值（亿元）	第二产业增加值（亿元）	比值（%）
北京	544.12	5477.4	9.90
山西	1204.01	7074.5	17.0
内蒙古	1114.73	6335.4	17.6
江西	1530.32	10081.2	15.2
河南	2813.33	22038.6	12.8
四川	2473.22	16056.9	15.4
甘肃	944.05	2761.6	34.2

资料来源：《中国统计年鉴》。

分析发现河南资源型产业增加值占第二产业增加值比例为12.8%，山西、内蒙古、江西、四川的占比均在15%以上，甘肃达到34.2%，而北京占比则为9.9%，不到10%。

由上述分析可知，与北京对比，大部分资源型区域经济增长依托各类不可再生资源的大量投入，资源型产业增加值占第二产业增加值比重较高，经济结构仍处于重工业化阶段。将区域经济增长路径由资源拉动转为创新驱动是资源型区域实现顺利转型的必然选择。

二、资源型地区创新现状

1. R&D 经费

本书对部分资源型城市2019年R&D经费和R&D经费投入强度进行统计分析，以便进一步了解其创新现状。结果如表4-3所示，其中北京、上海、石家庄、太原、呼和浩特、成都、贵阳作为对比城市列入表中。

表4-3 2019年部分资源型城市 R&D 经费指标

省份	城市	R&D 经费（亿元）	R&D 经费投入强度	平均投入强度
对比城市	北京市	2233.6	6.31	
	上海市	1524.6	4.00	
	石家庄市	149.8	2.78	
	太原市	84.2	2.10	

续表

省份	城市	R&D 经费（亿元）	R&D 经费投入强度	平均投入强度
对比城市	呼和浩特市	43.65	1.56	
	成都市	452.5	2.66	
	贵阳市	71.2	1.76	
河北	张家口市	2.7	0.17	1.61
	承德市	13.1	0.89	
	邢台市	19.4	0.91	
	邯郸市	57.6	1.65	
山西	大同市	7.7	0.59	1.12
	阳泉市	7.3	1.01	
	长治市	13.7	0.83	
	晋城市	14.2	1.05	
	忻州市	2.1	0.21	
	晋中市	15.4	1.07	
	临汾市	13.4	0.92	
	运城市	21.2	1.37	
	吕梁市	10.2	0.67	
内蒙古	赤峰市	5.14	0.30	0.86
四川	广元市	5.2	0.55	1.87
	广安市	3.5	0.28	
	自贡市	12.3	0.86	
	攀枝花市	13.8	1.37	
	达州市	9.9	0.49	
	雅安市	7.3	1.01	
	凉山彝族自治州	5.1	0.31	
贵州	安顺市	7.4	0.80	0.86

注：R&D 经费投入强度=R&D 经费支出/GDP（地区生产总值）。

资料来源：《中国科技统计年鉴》。

R&D 经费投入强度，是国际上用于衡量一个国家或地区在经费投入以及经济增长质量方面的重要指标。由表 4-3 可知，河北邯郸市 R&D 经费投入超过 57亿元，R&D 研发经费投入强度达到 1.65，山西运城市 R&D 经费投入超过 20 亿元，R&D 研发经费投入强度为 1.37。此外，其他城市 R&D 经费投入均低于 20

亿元,在这些城市中,除阳泉、晋城、晋中、雅安外,其余城市 R&D 研发经费投入强度均低于 1。

与北京、上海等一线城市相比,在 R&D 经费投入绝对量上,北京达到 2233.6 亿元,上海也超过了 1500 亿元,而表中所列资源型城市中 R&D 经费投入最高的邯郸市为 57.6 亿元,仅为北京的 2.6% 左右、上海的 3.8% 左右。在 R&D 研发经费投入强度上,北京为 6.31,上海市为 4.00,远远大于邯郸市的 1.65 及其他资源型城市。资源型地区创新水平相比于北京、上海、广州等发展飞速的一线城市差距较大。

从河北、山西、内蒙古、四川、贵州各省份来看,各省份资源型城市 R&D 经费投入相比各省省会城市相差较大,邯郸市为石家庄市的 1/3 左右,运城市为太原市的 1/4 左右,广元市为呼和浩特市的 1/8 左右,攀枝花市为成都市的 1/33 左右,安顺市为贵阳市的 1/10 左右。从 R&D 研发经费投入强度上,除邯郸市和运城市外,各资源型城市均低于各省平均水平。

2. 创新主体数量

从资源型省份创新主体分析,高技术企业是知识密集、技术密集的经济实体,很大程度上代表着一个地区企业层面的创新水平,研究开发机构与高校作为产学研创新的另外两个主体也不可或缺,因此选择高技术企业、研究机构和高校三者数量进行分析,各资源型省份创新主体数量如表 4-4 所示。

表 4-4　2019 年各资源型省份创新主体数量　　　　单位:家

省份	高技术企业数量	研究与开发机构数量	高校数量
河北	670	74	122
山西	180	143	82
内蒙古	99	87	53
辽宁	493	33	115
吉林	311	103	62
黑龙江	170	112	81
安徽	1466	91	120
江西	1500	115	103
山东	1564	184	146
河南	1106	115	141

省份	高技术企业数量	研究与开发机构数量	高校数量
湖北	1230	101	128
湖南	1381	105	125
广西	365	108	78
四川	1422	160	126
云南	256	112	81
甘肃	109	98	49

资料来源:《中国科技统计年鉴》。

由表4-4可知,2019年,在安徽、江西、山东、河南、湖北、湖南、四川经济发展比较好的省份,高技术企业数量均超过了1000家,研究开发机构与高校数量也大多数超过了100家。而像山西、内蒙古、吉林、辽宁、黑龙江、广西、云南、甘肃等资源型经济特征更为明显的省份,高技术企业数量均没有超过500家,内蒙古不到100家,相比其他资源型地区数量差距巨大。而研究开发机构和高校数量虽然也没有其他地区多,但总体上差距不是很大。

通过对资源型地区创新生态的比较和分析,可以给我们如下启示:山西作为典型的资源型地区,"一煤独大"是山西省经济发展的标签。要实现转型发展与可持续发展,必须利用好"创新生态"政策的指挥棒,才能在创新发展中占领先机,赢得长远发展优势。山西正处于资源型转型阶段,"打造一流创新生态"的发展战略是助推山西摆脱资源依赖、实现经济可持续发展的关键一步。厘清山西面临的现状及构建创新生态系统的路径,对山西资源型经济转型发展具有重要意义,对其他资源型省份也具有借鉴意义。

第五章　山西创新生态系统现状

早在 20 世纪 50 年代末，山西省就已经成为我国重要的能源和重工业基地。长期依赖煤炭的单一的经济增长方式，与资源制约和环境保护之间产生了尖锐的矛盾。在全球经济一体化及全国经济结构调整的大环境下，面临着结构调整和经济转型的关键任务：一是要建成富有活力的资源型经济发展示范区；二是要实现老工业基地转型和新型能源基地建设。要实现以上双重任务，唯有深入实施创新驱动发展战略，打造一流创新生态。本章将从创新生态运作子系统、创新生态研发子系统、创新生态支持子系统、创新生态环境子系统四个方面分析山西创新生态系统发展现状。

第一节　创新生态运作子系统现状

创新生态最核心的主体是高科技企业。高科技企业由于其产品科技含量高，技术具有创新性、前沿性，因此高科技企业发展水平体现了一个地区的经济实力和地区竞争力。高科技企业属于知识密集型和技术密集型产业，不仅是培育战略性新兴产业的重要手段，更是推动经济转型发展的中坚力量。在产能落后、经济发展乏力的背景下，实现要素驱动向创新驱动的战略转变，发展高科技企业是构建地区创新生态系统的首要任务。其中，高新技术企业和科技型中小企业是高科技企业的重要组成部分。

根据 2008 年国家颁布的《高新技术企业认定管理办法》，高新技术企业一般是指在国家颁布的《国家重点支持的高新技术领域》范围内，持续进行研究开发与技术成果转化，形成企业核心自主知识产权，并以此为基础开展经营活动的居民企业，是知识密集、技术密集的经济实体。

根据 2017 年 5 月 3 日科技部、财政部、国家税务总局印发的《科技型中小企业评价办法》（国科发政〔2017〕115 号）规定，科技型中小企业是指依托一定数量的科技人员，从事高新技术产品研发、生产和销售，取得自主知识产权并将其转化为高新技术产品或服务，从而实现可持续发展的中小规模公司。高新技术企业与科技型中小企业的区别如表 5-1 所示。

表 5-1　高新技术企业与科技型中小企业的区别

指标	高新技术企业	科技型中小企业
规模、时间限制	申请认定时须注册成立一年以上，没有规模限制	职工总数≤500 人、年销售收入≤2 亿元、资产总额≤2 亿元
科技人员	科技人员占企业当年职工总数的比例不低于 10%	科研人员指标综合得分≥60 分，且科技人员指标不为 0 分
研发费用	研究开发费用总额占同期销售收入总额的比例不低于 5%、4%、3%（销售收入小于 5000 万元、5000 万至 2 亿元、2 亿元以上）	研发投入指标综合得分≥60 分
高新技术产业（服务）收入	高新技术产品（服务）收入占企业同期总收入的比例不低于 60%	科技成果指标综合得分≥60 分

资料来源：笔者整理而得。

　　可以看到，科技型中小企业在规模、时间限制，科技人员，研发费用，高新技术产业（服务）收入四方面存在区别。科技中小企业主要集中在规模、时间方面有数值型的硬性要求，而其他三个指标只要含有科技元素，符合基本要求即可。符合规模条件的高新技术企业直接被认定为科技型中小企业。

　　通过对比高新技术企业和科技型中小企业的认定条件（见表 5-1），可以发现部分科技型中小企业如果符合高新技术企业的评价标准，那么可以同时符合两种类型企业的标准。

一、山西高新技术企业发展现状

高新技术产业产值在很大程度上体现了科技创新的产出能力，高新技术企业对促进创新生态有至关重要的作用。

1. 高新技术企业规模和数量呈现增长趋势

我国高新技术企业数量稳步增长，科技创新能力大幅增强。2019年，全国高新技术企业数量为22.5万家，山西高新技术企业数量为2501家。绝对数量上山西高新技术企业在全国及中部六省高新企业数量和收入排名中处于较落后位置。原因与山西先天不利的地理位置及产业结构问题密切相关。高新技术产业的比重相对较弱。传统产业在各区域形成了固定态势，产业转型速度缓慢，焦炭、煤炭、黑色金属冶炼、电力仍处于主导产业的地位。

纵向来看，山西高新技术企业数量2009~2019年总体呈现增长趋势，且增长速度不断加快，已经成为山西经济增长的重要推动力。数据如图5-1所示，可见地区高新技术企业实现了飞跃式的增长。

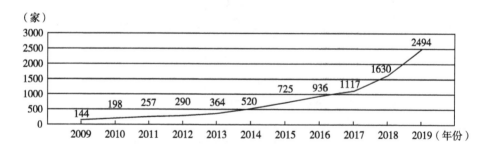

图5-1 2009~2019年山西高新技术企业发展趋势

资料来源：《中国火炬统计年鉴》（2009~2019）及火炬统计调查。

2. 山西省高新技术企业地区分布不均衡

山西高新技术企业的地区表现出严重的不均衡，各地市高新技术企业数量和高新技术企业总产值地区差异大。截至2019年底，山西省累计认定的高新技术企业有2494家，太原市716家，山西转型综改示范区896家，大同市58家，阳泉市85家，长治市58家，长治高新区64家，晋城市62家，朔州市43家，忻州市64家，吕梁市49家，晋中市189家，临汾市70家，运城市140家。如图5-2所示。

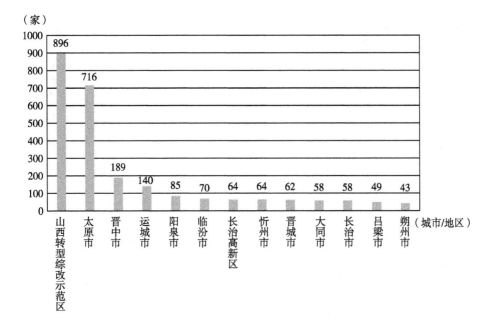

图 5-2　2019 年山西省高企数量各地市分布

资料来源：《2019 中国火炬统计年鉴》及火炬统计调查。

山西省高新技术企业在全省各地区的分布不均衡。太原市及山西转型综改示范区的高新技术企业数量占到山西省高新技术企业的 64.6%，其余各地市高新技术企业的数量之和不到一半。山西转型综改示范区和长治高新区的高新技术企业数量占到全省高新技术企业的 38.5%。高新技术企业的数量与科技创新资源分布、产业结构、地区经济发展水平等因素有着密切的关系，如表 5-2 所示。

表 5-2　2015~2019 年地区高新技术企业数量变动情况　　　　单位：家

城市/地区	2015 年	2016 年	2017 年	2018 年	2019 年
太原	167	217	234	355	716
大同	24	30	33	42	58
吕梁	17	20	26	38	49
忻州	25	25	28	38	64
朔州	13	15	21	28	43

续表

城市/地区	2015 年	2016 年	2017 年	2018 年	2019 年
阳泉	32	34	42	62	85
长治	14	7	29	42	58
晋城	34	35	42	49	62
临汾	33	35	42	53	70
运城	63	77	95	124	140
晋中	59	86	92	141	189
太原高新区	237	309	394	607	896
长治高新区	14	34	39	45	64
合计	732	924	1117	1624	2494

资料来源：《中国火炬统计年鉴》及火炬统计调查。

3. 山西高新技术企业行业分布不平衡

新的《高新技术企业认定管理实施办法》认定的高新技术企业其产品（服务）应该属于《国家重点支持的高新技术领域》规定的范围，即电子信息技术、生物与新医药、航空航天、新材料、高技术服务业、新能源及节能、资源与环境、先进制造与自动化八大技术领域。对 2019 年高新技术企业所属技术领域统计如表 5-3 所示。

表 5-3 2019 年底山西省高新技术企业技术领域分布企业数量情况

领域名称	高企数量（家）
电子信息	915
生物与新医药	218
航空航天	16
新材料	275
高技术服务业	321
新能源及节能	141
资源与环境	179

续表

领域名称	高企数量（家）
先进制造与自动化	429
合计	2494

资料来源：《中国火炬统计年鉴》及火炬统计调查。

根据表5-3可以看出，电子信息领域高新技术企业最多，有915家，约占所有企业的36.7%；先进制造与自动化领域有429家，约占17%；新材料领域275家，约占11%；三个领域企业占到所有企业的65%，数量上绝对领先。进一步比较各技术领域高新技术企业营业收入，如表5-4所示。

表5-4　2019年各技术领域高新技术企业营业收入

技术领域名称	高企数量（家）	数量占比（%）	各领域企业营业收入（亿元）	占总收入比（%）
电子信息	915	36.69	23.27	4.20
生物与新医药	218	8.74	233.15	4.20
航空航天	16	0.64	9.08	0.20
新材料	275	11.03	1693.57	30.53
高技术服务业	321	12.87	1194.37	21.53
新能源及节能	141	5.65	508	9.16
资源与环境	179	7.18	738.4	13.31
先进制造与自动化	429	16.90	937.35	16.90
合计	2494	100	5546.63	100

资料来源：《中国火炬统计年鉴》及火炬统计调查。

由表5-4可知，新材料企业贡献了30.53%的营业收入，高技术服务业企业贡献了21.53%的营业收入，先进制造与自动化企业贡献了16.9%的营业收入，这三大领域企业营业收入占全省高企营业收入比例约为70%。

为了获知近五年山西高新技术企业技术领域的发展演变情况，分析比较2015~2019年山西高新技术企业技术领域分布情况，如表5-5所示。

表5-5 2015~2019年山西高新技术企业技术领域分布情况   单位：家

领域名称	2015年	2016年	2017年	2018年	2019年
电子信息	184	263	340	525	915
生物与新医药	73	97	117	156	218
航空航天	2	4	8	14	16
新材料	115	135	160	217	275
高技术服务业	40	62	112	183	321
新能源及节能	43	55	77	103	141
资源与环境	70	91	87	124	179
先进制造与自动化	198	229	216	302	429
合计	725	936	1117	1624	2494

资料来源：《中国火炬统计年鉴》及火炬统计调查。

根据表5-5可以看出，电子信息领域、航空航天领域企业数量增长幅度较快，其次为高技术服务业等领域，这些产业都是山西重要的支柱产业。近几年的平稳发展表明山西围绕煤与非煤产业开发、传统产业升级换代与新型高科技产业共同发展，转型效果初显。

4. 山西高新技术产业收入和利润不断增长

2014~2019年随着山西省高新技术企业数量的增加主要经营指标如营业收入、销售收入、净利润等经营指标的变化情况如表5-6所示。

表5-6 2014~2019年高新技术企业收入及利税情况

年份	企业数量（个）	营业收入（亿元）	销售收入（亿元）	净利润（亿元）	出口额（亿美元）	上缴税收（亿元）	就业人员（万人）
2014	520	2776	2329	73.8	28.5	89.9	25.4
2015	725	2367	2127	20.9	13.0	90.4	26.7
2016	926	2651	2329	72	21.4	120.9	29.4

续表

年份	企业数量（个）	营业收入（亿元）	销售收入（亿元）	净利润（亿元）	出口额（亿美元）	上缴税收（亿元）	就业人员（万人）
2017	1117	3289	3096	188	28.4	129.4	31.4
2018	1624	4639	4311	252	44.6	199.3	38.3
2019	2494	5547	5155.93	215.09	96	193	2494

资料来源：《中国火炬统计年鉴》及火炬统计调查。

根据表5-6，2019年山西省高新技术企业营业收入5547亿元，产品销售收入约5156亿元，净利润约215亿元，出口创汇96亿元，实现利税408亿元。相比2014年，企业数量实现了翻倍增长，营业收入、销售收入、净利润、出口额、上缴税收均总体呈稳定增长态势。

5. 山西高新技术企业的研发情况

（1）科技活动费用。2019年，山西省高新技术企业用于科技活动的全部研究费用共计245.73亿元，其中来自政府部门支持的研发经费11.7亿元。研发费用占主营业务收入的比例为4.2%。在产学研合作经费方面，山西省高新技术企业委托外单位开展科技活动经费共11.8亿元，其中委托境内研究机构5.35亿元，委托境内高校0.47亿元，委托境内企业5.07亿元，委托境外机构0.17亿元。

（2）高新技术企业拥有知识产权情况。从知识产权取得情况来看，2019年山西省高新技术企业共申请专利8508件，其中申请发明专利3200件，占申请专利的比重为37.61%。2019年专利授权5078项，其中授权发明专利1087项，占比为21.41%。通过专利所有权转让和许可方式取得知识产权205件。2019年底，专利所有权转让及许可收入8661.65千元。2019年期末拥有有效专利数28356项。

2019年企业拥有有效知识产权中，有效专利28356件，软件著作权16263件，集成电路33件，植物新品种100件。如表5-7、图5-3所示。

表 5-7　2014~2019 年高新技术企业拥有有效知识产权情况　　　单位：个

年份	企业数量	期末拥有有效专利数		软件著作权	集成电路	植物新品种
		有效专利	其中：发明专利			
2014	520	11299	2330	1334	7	22
2015	725	12601	3030	2243	26	27
2016	936	15598	4898	3386	4	39
2017	1117	17995	5269	5226	19	41
2018	1624	23343	6410	8910	23	38
2019	2494	28356	7034	16263	33	100

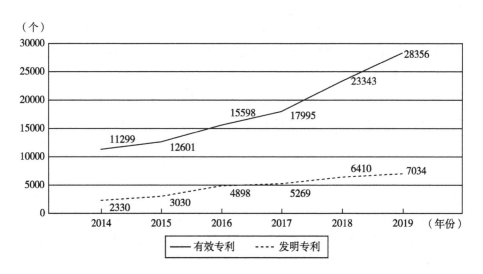

图 5-3　2014~2019 年高新技术企业期末有效专利变化趋势

资料来源：《中国火炬统计年鉴》及火炬统计调查。

企业拥有的有效知识产权中，专利占绝对多数，2016 年约占所有知识产权的 82%，2017 年约占 77%，2018 年约占 72%，2019 年约占 56%，呈下降趋势；软件著作权所占比例持续上升，如图 5-4 所示。

图 5-4　2014~2019 年高新技术企业累计拥有知识产权构成变化

资料来源:《中国火炬统计年鉴》及火炬统计调查。

从专利涉及的技术领域来看,主要集中在先进制造与自动化、新材料、生物与新医药领域,电子信息和高技术服务业领域专利较少。

2019 年,山西省高新技术企业累计形成国际标准 35 项,形成国家或行业标准 1160 项,当年获得国家科技奖励 8 项,认定登记技术合同 4666 项,注册商标 647 件。

从知识产权权属情况来看,营业收入规模 10 亿元以上企业拥有专利占总数的 37.22%,2 亿~10 亿元企业拥有专利占总数的 18.18%,0.5 亿~2 亿元企业拥有专利占总数的 14.62%,0.5 亿元以下企业拥有专利占总数的 29.98%。这表明规模较大的企业知识产权拥有数量更多,更加重视企业的研究开发(见表5-8)。

表 5-8　2019 年高新技术企业拥有有效知识产权情况

规模	企业数量	期末拥有有效专利数	占总有效专利比例（%）
0.5 亿元以下	1944	8501	29.98
0.5 亿~2 亿元	316	4145	14.62
2 亿~10 亿元	147	5155	18.18

续表

规模	企业数量	期末拥有有效专利数	占总有效专利比例（%）
10亿元以上	87	10555	37.22
合计	2494	28356	100

资料来源：《中国火炬统计年鉴》及火炬统计调查。

二、山西科技型中小企业发展现状

改革开放以来，山西省科技型中小企业实现了长足的发展，产业规模不断壮大，经济获利水平也在不断提升，产业集聚态势也越来越明显。2019年山西省科技型中小企业入库总数为4595家，企业销售额为432.0亿元。然而和全国相比，山西科技型中小企业发展仍相对滞后。

1. 科技型中小企业区域分布现状

2019年山西省科技型中小企业总计4595家，各类科技型中小企业分布于全省不同市，其中太原市3595家、晋中市156家、运城市154家、长治市141家、阳泉市126家、大同市111家、忻州市84家、临汾市84家、吕梁市51家、晋城市49家、朔州市44家。山西省科技型中小企业区域分布数量占比如图5-5所示。

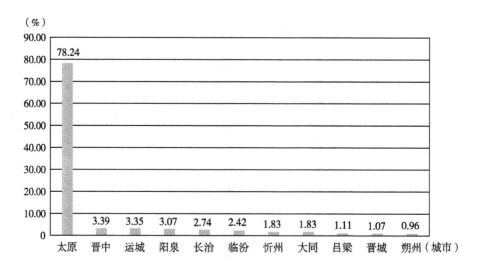

图5-5　2019年山西省科技型中小企业区域分布数量占比

资料来源：《中国火炬统计年鉴》及火炬统计调查。

由图 5-5 可知山西省科技型中小企业约 85% 的数量集中在太原、晋中和运城三市，相对来看比较集中。太原作为省会城市，科技型中小企业的发展遥遥领先，占比高达 78.24%，吕梁、晋城和朔州三市的科技型中小企业较少，共占 3.1%。与 2018 年相比，太原、晋中、运城三市保持前三位，长治、大同排名提升，阳泉、临汾有所下滑，而吕梁、晋城、朔州三市仍然排名全省靠后。山西省两大高新区为太原高新区和长治高新区，其中位于高新区内的科技型中小企业共计 1066 家，分别为太原高新区 1002 家，长治高新区 64 家，占全部科技型中小企业总数的 23.2%，相比 2018 年提高 10.7%。

2. 科技型中小企业行业领域分布现状

科技型中小企业在提高劳动生产率、扩大就业、促进市场竞争方面发挥着重要作用。通过科技型中小企业在某个行业所占的结构比重，可以判断该地区传统产业和新兴产业发展的情况。山西省科技型中小企业行业领域分布广泛，现有入库企业涵盖了农、林、牧、渔业，制造业，信息技术服务业，科学研究和技术服务业等领域。2019 年科技型中小企业行业领域分布如图 5-6 所示。

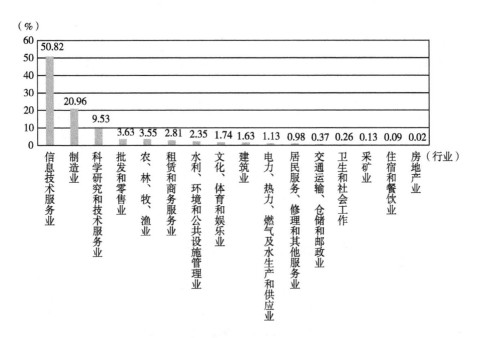

图 5-6　科技型中小企业行业领域分布

资料来源：《中国火炬统计年鉴》及火炬统计调查。

图5-6中数据显示,2019年,山西省科技型中小企业信息技术服务业处于领先地位,占比50.82%,显示新兴产业的发展势头良好;其次是制造业,占比20.96%;剩余行业占比均不超过10%。其中属于房地产业的科技型中小企业只有1家,占比最少。

2021年,山西省科技型中小企业入库数量达到了6591家,电子信息领域企业占到入库企业的54.51%,说明山西省科技型中小企业的行业结构进一步优化。

3. 科技型中小企业销售收入现状

从区域分布情况来看,科技型中小企业2019年销售收入最高的市区为太原市,共计205.77亿元,占全部销售收入的47.63%,位列全省市区排名第一;其次是运城市和晋中市,销售收入分别为54.58亿元和36.99亿元,三个市区的销售收入合计占全省科技型中小企业销售收入的68.82%,相比2018年(72.6%)有所下降;销售收入最低的是阳泉市9.74亿元,仅占全省销售收入的2.25%;朔州市相比上年排名提升两个位次,位于全省第9名;晋城市由2018年的第8名下降至2019年的第10名,销售收入为10.97亿元,占全省销售收入的2.54%。具体数据见图5-7。

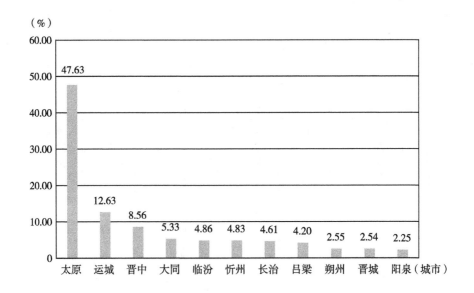

图5-7 2019年山西省各市科技型中小企业销售收入占比现状

资料来源:《中国火炬统计年鉴》及火炬统计调查。

从行业领域分布情况来看，科技型中小企业销售收入最高的行业领域是制造业，累计销售收入达 255.82 亿元，占全部销售收入的 59.21%；其次是信息技术服务业，累计销售收入达 71.19 亿元，占全部销售收入的 16.48%。这两个行业累计销售收入占比超过 75%。有 8 个行业累计销售收入占全部销售收入的比例不足 1%，其中住宿和餐饮业累计销售收入最少 152.64 万元，仅占全部销售收入的 0.004%（见图 5-8）。

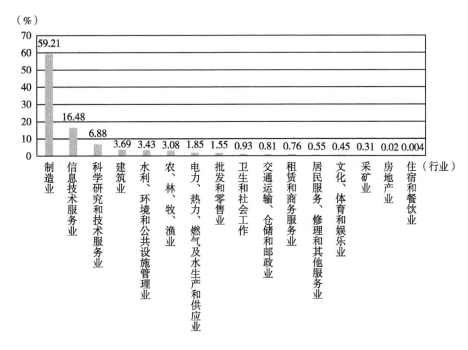

图 5-8　2019 年山西省各行业科技型中小企业销售收入占比现状

资料来源：《中国火炬统计年鉴》及火炬统计调查。

4. 企业所处生命周期现状

企业的生命周期遵循着中小企业的发展步伐，包括初创前期（成立 3 年以内）、初创后期（成立 3~5 年，不包含 5 年）、成长期（成立 5~10 年，不包含 10 年）、扩张期（成立 10 年及以上）。其中，属于山西省科技型中小企业初创前期的企业有 780 家，初创后期有 1371 家，成长期有 1361 家，扩张期共有 1083 家，详细数据见图 5-9。

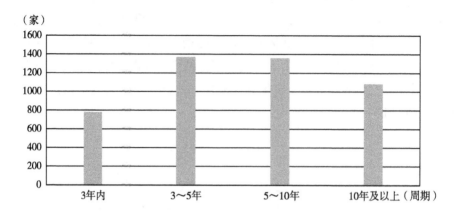

图 5-9 企业所处生命周期现状

资料来源：《中国火炬统计年鉴》及火炬统计调查。

从企业所处的生命周期阶段分析，由图 5-9 可以看出，处于初创前期（成立 3 年以内）的科技型中小企业数量相对不足，有 59.46% 的科技型中小企业主要集中于初创后期（成立 3~5 年）和成长期（成立 5~10 年）。说明需要加强对处于初创前期的科技型中小企业的支持力度，针对这部分企业开展深化中小企业梯度培育，引导中小企业向"专精特新"发展，重点支持一批发展潜力大、成长性好、创新能力强的科技型中小企业培育成为"隐形冠军"企业，推动中小企业高质量发展。

5. 科技型中小企业上市情况现状

山西省科技型中小企业 2019 年上市数量为 4 家，2018 年上市数量为 3 家，2017 年上市数量为 21 家，2016 年上市数量为 26 家，2015 年上市数量为 15 家，2015 年以前上市数量为 6 家。其中新三板有 42 家、四板有 27 家、上交所有 1 家、深交所有 1 家。科技型中小企业在新三板上市的数量最多，如图 5-10 所示。

由图 5-10 可知，2016 年和 2017 年科技型中小企业上市数量多，可能是 2015 年我国债务问题比较严重，为搞活企业经济，因此推动企业上市。2018 年企业上市数量较少，据普华永道的分析是因为上市审核标准较 2017 年相比呈现更加严格的趋势。

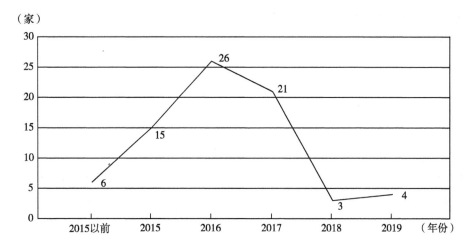

图 5-10 山西省科技型中小企业各年上市数量统计

资料来源:《中国火炬统计年鉴》及火炬统计调查。

6. 科技型中小企业科研现状

(1) 科研经费投入。科研经费作为支撑企业技术创新的主要力量之一,投入强度直接影响着企业技术创新能力的高低。当科技企业的 R&D 投入占销售收入的 6% 左右时,企业有能力搭建本企业所需的技术创新平台;当 R&D 占销售收入的 10% 以上时,该企业就有着很强的地位;当研发费用在销售额的 3% 以下,该企业几乎没有什么核心竞争力。2019 年,山西省 4595 家科技型中小企业累计研发费用 423.35 亿元。其中,有 276 家科技型中小企业无任何销售收入,剩余 4319 家科技型中小企业中研发费用占销售收入在 10% 以上的企业有 2632 家,占全部企业数量的 60.9%;销售收入占比在 3%~6% 的企业数量有 481 家,占全部企业数量的 11.1%;销售收入占比为 6% 的企业数量有 494 家,占全部销售收入的 11.4%;销售收入占比为 6%~10% 的企业数量有 685 家,占全部企业数量的 15.9%(见图 5-11)。

(2) 科研人员投入。企业进行创新的主体是企业科研人员。科研人员的创新能力、技能、知识水平高低决定着企业创新水平的高低。据山西省 2019 年中小企业科研人员占比数显示,科研人员占企业全部人员的比重不超过 10% 的有 3 家;在 10%~20% 的企业数量有 213 家,占全部企业数量的 4.64%;在 20%~30% 的企业数量有 411 家,占全部企业数量的 8.94%;科研人员占企业全部人员数量的比重超过 30% 的企业有 3968 家,占全部企业数量的 86.35%。综上可知,山西省大部分科技型中小企业科研人员数量占比超过30%，具有一定的研发实力。具体数据见图5-12。

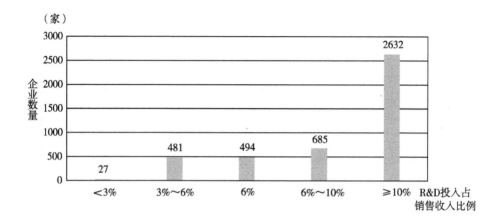

图5-11　2019年山西省企业研发经费投入现状

资料来源：《中国火炬统计年鉴》及火炬统计调查。

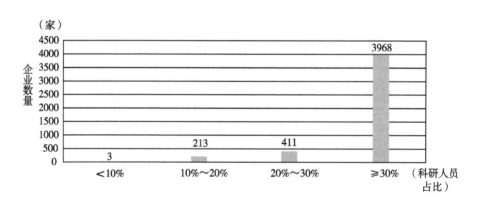

图5-12　2019年山西省企业科研人员投入现状

资料来源：《中国火炬统计年鉴》及火炬统计调查。

（3）科研人员学历水平。虽然都是中小企业，但与传统行业对比来看，科技型中小企业员工的文化程度中本科以上人数占比会更高，企业中科研人员学历水平越高，企业创新能力也越强。2019年山西科技型中小企业员工中，共有博士707人、硕士3539人、本科31795人、大专及以下75566人。相比2018年博士人数有所下降，硕士人员相差不大，本科和大专及以下人员均有较大幅度提升，其中本科人员提升 3774 人，大专及以下提升 9971 人，具体数据见表 5-9、图 5-13。

表 5-9 2019 年山西科技型中小企业科研人员学历水平结构

学历	人数（人）	占比（%）
大专及以下	75566	67.71
本科	31795	28.49
硕士	3539	3.17
博士	707	0.63
合计	111607	100.00

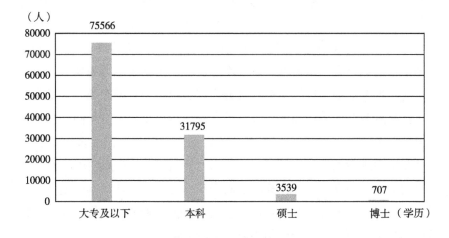

图 5-13 2019 年山西科技型中小企业科研人员学历水平

资料来源：《中国火炬统计年鉴》及火炬统计调查。

（4）企业研发机构。企业对于研发机构的投入表明企业具有自主创新能力，能够为企业的生产或服务提供创新支撑，同时也能强化创新产品或服务的研发及转化。2019 年企业入库总数为 4595 家，其中拥有研发机构的企业 92 家，相比上年减少 10 家，占企业总数的 2%。

（5）企业知识产权。科技型中小企业创新活动中，知识产权是其创新的重要产出形式。山西省科技型中小企业的创新活动不断取得进步，2019 年 I 类知识产权数为 1234 件，Ⅱ类知识产权数为 17564 件。4595 家企业中有 1100 家没有知识产权，占全部企业数量的 23.94%。

三、山西省产业集群发展现状

1. 产业集群的分类

我国于 2015 年启动集群创新战略，推动创新范式从线性模式（创新范式 1.0）向创新生态系统（创新范式 3.0）转化（田学斌等，2017）。产业集群是促进地区创新能力培育和创新生态打造的重要形式。"集群"本身就是生态学中的概念，指在同一栖息地中一起生活的不同种群。按照美国哈佛大学的迈克尔·波特（Michael E. Porter）在 1998 年发表的论文《集群与新竞争经济学》中关于产业集群的定义：产业集群是处于同一产业领域的、相互联系的公司和相关组织的地理集中现象。集群不是企业单纯的地理集中，而是基于产业链有机的结合。同时产业集群的形成离不开本地创新环境、协助性产业、文化等因素的结合。集群中创新要素、创新环境相互作用、共生演进，形成了一个微观的集群创新生态。地区产业集群的数量和质量能在一定程度上反映地区创新能力的高低。

从产业集群发展的角度，一般将其分为资源型和创新型两类。资源型产业集群主要是依托资源开发利用而发展起来的，资源型产业通过对相同资源的开发利用而"扎堆"在一起，企业之间相互学习、竞争，但是它们更多的是在资源的供应和开发上而进行的合作。创新集群狭义上指高新技术产业集群，是在产业集群基础上集聚以知识和技术为代表的创新资源，运用高新技术生产出高附加值的新产品，发挥集群优势实现高新技术产业的专业化和集中化，从而使价值链处于价值竞争的高端环节，推动产业结构升级的新兴集群。

2. 山西省资源型产业集群发展现状

山西省资源型产业集群的萌芽始于 20 世纪 80 年代初期。在改革开放的浪潮中，中国经济的快速发展带动了对煤炭需求量的激增，有一大批大型国有企业围绕煤炭开采业等主导产业延伸上下产业链，形成了以煤炭、电力、石化、冶金等行业为支柱的工业体系。20 世纪 90 年代末，山西省资源型产业集群已初具规模，进入集聚期。一些效率低下的小企业、小煤窑无法生存淘汰，产品进行初加工出售，主要商品由单纯的原料开采输送转变为附加产品，产业链初步形成。2000~2010 年被称为"煤炭十年黄金期"，资源性产业集群进入整合期。企业的垂直分工和水平分工更加明确，资源深加工成为山西产业集群的主要产业。2010年以后为了应对生态污染现象的加重，国家出台对煤炭行业的产能调整、限制政策，大量企业被迫"关、停、转、并"。当时的山西工业发展前八大重点行业依次为煤炭、焦化、冶金、电力、装配制造、煤化工、新型材料和食品。可见，由于资源禀赋、国家政策和历史原因，山西产业集群仍以传统型为主，并在全省范围内，形成了以煤炭资源为基础的地区性能源产业分布（张爱琴，2006，2007，2008）。

2016年，山西省经济和信息化委员会印发《关于推进山西省产业技术集群创新发展的实施意见》。在这份实施意见中，对山西省产业集群情况进行汇总，全省共有82个产业集群，山西资源型产业集群总体数量较多，主要集中在煤焦行业。南部地区如临汾、运城、长治产业集群数量较多；焦化行业主要分布在中南部：长治、吕梁、临汾和运城；煤炭、煤化工及煤—电—化—建材行业主要分布在大同及南部四市；钢铁、冶金行业在每个行政区都有其产业集群分布。资源型产业集群一共有34个：太原地区1个，大同市2个，阳泉市2个耐火材料产业集群，长治市5个，晋城市1个，朔州市1个，忻州市2个，吕梁市3个，晋中市1个，临汾市12个，运城市4个。山西省资源型产业集群具体分布如表5-10所示。

表5-10　2019年山西省资源型产业集群具体分布

序号	资源型产业集群名称	行业类别	地区
1	太原不锈钢产业集群	不锈钢	太原
2	塔山煤电建化产业集群	煤—电—化—建材	大同
3	大同活性炭产业集群	活性炭	
4	阳泉郊区耐火材料产业集群	耐火材料	阳泉
5	盂县耐火材料产业集群	耐火材料	
6	襄垣富阳循环经济产业集群	煤化工	长治
7	太岳煤焦产业集群	焦化	
8	壶关常平工业园区产业集群	材料	
9	黎城西新材料产业集群	材料	
10	长治县科工贸产业集群	微型汽车等	
11	忻州铁精矿产业集群	铁精粉	忻州
12	定襄法兰产业集群	锻造	

续表

序号	资源型产业集群名称	行业类别	地区
13	朔州固废综合利用产业集群	固体废物处理	朔州
14	太谷玛钢产业集群	玛钢件	晋中
15	晋城市高平煤电化产业集群	煤化	晋城
16	吕梁市三泉焦化产业集群	焦化	吕梁
17	交成焦化产业集群	焦化	
18	孝义焦化产业集群	焦化	
19	洪洞县秦壁新材料产业集群	材料	临汾
20	洪洞县辛村新型建材产业集群	建材	
21	古县涧河煤焦产业集群	焦化	
22	汾河煤电化产业集群	煤化工	
23	乡宁光华煤焦化深加工产业集群	煤化工	
24	古县华宝煤焦产业集群	焦化	
25	河东冶金焦化产业集群	焦化	
26	安泽唐城煤焦化深加工产业集群	焦化	
27	洪洞煤焦化深加工产业集群	焦化	
28	曲沃县冶金产业集群	钢铁	
29	翼城县特钢产业集群	钢铁	
30	侯马市冶金铸造产业集群	钢铁	
31	运城焦炭产业集群	焦化	运城
32	绛县炭黑产业集群	煤炭	
33	永济铝材加工产业集群	铝产业链	
34	闻喜金属镁产业集群	镁产业链	

资料来源：山西省经信委网站。

由产业集群整体分布来看，山西是一个以重工业为主的地区，煤焦化工、钢铁、铸造锻造、机械制造产业集群占据了产业集群总数的 59.8%，高新技术产业相关集群仅占 9.8%。

3. 山西省高新技术产业集群发展现状

2018 年 4 月，山西省正式印发《山西省打造优势产业集群 2018 年行动计划》，明确未来将着力培育一批空间集中开发、资源集约利用、产业集群发展、服务集聚配套的产业集群，打造企业关联共生、协同发展的产业生态系统。从国家到省域一系列举措表明，在实施创新驱动发展战略背景下，能否推动产业集群转型升级，构建跨界耦合的产业创新生态是决定区域竞争力的重要方向。

2020年，山西提出的创新生态战略部署中，将产业集群作为聚焦的重点。主要目标是启动建设14大重点产业集群，包括聚焦半导体、碳基新材料、特种金属材料、大数据、信息技术应用创新、煤机智能制造、先进轨道交通装备、通用航空、新能源、新能源汽车、煤成气、现代生物医药和大健康、节能环保与煤炭清洁高效利用、有机旱作农业和现代农业。"111"创新工程重点任务如表5-11所示。

表5-11 2020年山西"111"创新工程14个重点产业集群重点任务

产业集群	目标	①	②	③	④	⑤	⑥	⑦	⑧
半导体	实现半导体产业异军突起	22	1	2	4	2	10	13	20
碳基新材料	推动我省碳基新材料产业集群发展	11	1	1	4	5	6	6	8
特种金属材料	着力打造高端金属材料产业研发高地	8	1	1	6	2	4	5	9
大数据	建设北方大数据融合创新产业服务基地	11	1	1	3		2	10	13
信息技术应用创新	培育通用计算机软硬件产业集聚发展	15	1	1	2	2	2	12	12
煤机智能制造	聚力打造煤机智能制产业核心区	21	1	1	2	2	8	21	3
先进轨道交通装备	打造世界级轨道交通产业集群	9	1	1	3	1	8	12	2
通用航空	推动通用航空产业实现跨越式发展	14	1		2	1	7	7	10
新能源	大力培育新能源产业链优势企业	9	1	1	3	1	8	12	2
新能源汽车	打造山西特色新能源汽车产业集群	12	1	1	3	1	11	12	6

续表

产业集群	目标	①	②	③	④	⑤	⑥	⑦	⑧
煤成气	推动山西省成为全国煤成气产业发展的排头兵和引领者	9		1	3	1	6	6	9
现代生物医药和大健康	推动医药健康产业和区域医疗中心高质量发展	17	1		10	1	5	18	17
节能环保与煤炭清洁高效利用	实现煤炭资源绿色低碳发展	11	1	1	3	1	5	18	17
有机旱作农业和现代农业	引领农业转型升级和高质量发展	6	1	1	7	2	1	6	8

资料来源：根据山西省科技厅公开资料整理而得。

由表5-11可知，新确定的山西14大重点产业集群主要是以高新技术产业为主的创新集群。"十三五"时期，山西省战略性新兴产业增加值年均增长7.8%，传统产业进一步升级，新兴产业蓬勃发展。"十四五"时期围绕14个战略性新兴产业开展战略规划与招商引资，无疑会大大地促进山西向中高端产业链迈进的步伐。综上所述，加快推动传统产业集群向创新集群转型是缓解资源型地区粗放式发展、环境污染严重问题的必然选择，是推动山西经济结构调整与产业转型升级的有效手段。

四、山西高新技术开发区发展现状

高新技术产业园区是区域创新生态系统的微观缩影。山西仅有两个国家级高新技术产业园区——山西转型综合改革示范区（以下简称山西综改区）和长治高新区。无论是数量、规模，还是影响力都在全省高新技术产业发展中占据重要位置。2017~2019年，两区高新技术企业总量保持着上升态势。

1. 山西综改区

（1）总量及行业领域分布。山西综改区包含山西11个地级市。在产业转型、创新驱动、体制改革、投资环境等方面优势明显，成为全省示范区，形成了创新引领、配套齐全、集群化发展、占据产业链高端的战略性新兴产业和高新技术产业体系。

2019 年山西综改区高企数量增幅超过 32%，总数量达到 896 家。山西综改区高新技术企业在电子信息领域最多，有 468 家，占所有企业的 52%，先进制造与自动化 107 家，占 12%，高技术服务业 157 家，占 17%，三个领域企业占到所有企业的一半以上，已发展成山西综改区的重点产业，如图 5-14 所示。

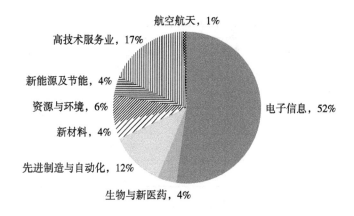

图 5-14　山西综改区行业领域高企分布

资料来源：《中国火炬统计年鉴》及火炬统计调查。

（2）山西综改区高新技术企业规模情况。火炬统计显示，2019 年山西综改区高新技术企业销售收入 5000 万元以下的有 770 家，5000 万至 2 亿元的企业有 91 家，超过 2 亿元以上的企业有 35 家（其中，10 亿元以上的企业有 16 家）。86% 的企业总收入占比仅为 6.16%，2% 的高企总收入占比为 74.2%。如表 5-12 所示。

表 5-12　2019 年山西综改区企业总收入的规模情况

分类	企业数量	占高企数量比（%）	总收入（亿元）	占总收入比（%）
5000 万元以下	770	86	5.6	6.16
5000 万至 2 亿元	91	10	9.42	10.37
2 亿~10 亿元	19	2	8.43	9.28
10 亿元以上	16	2	67.43	74.20
合计	896	100	90.88	100

资料来源：《中国火炬统计年鉴》及火炬统计调查。

（3）高新技术产品收入和出口。从高新产品销售收入和新产品出口的规模来看，3.9%的高新技术企业高新产品销售收入达到 523.69 亿元，高新产品出口达 12.53 亿元。表明了综改区高新技术企业发展规模的不平衡，数量占比较少的中型企业、大型企业构成了创新的中坚力量。如表 5-13 所示。

表 5-13　山西综改区高新产品销售收入和新产品出口的规模

分类	企业数量 （家）	数量占比 （%）	高新产品销售收入 （亿元）	高新产品出口 （亿元）
5000 万元以下	770	85.94	27.88	0.25
5000 万至 2 亿元	91	10.16	53	0.2
2 亿元以上	35	3.9	523.69	12.53
合计	896	100	604.57	12.98

资料来源：《中国火炬统计年鉴》及火炬统计调查。

（4）投入产出。2019 年，山西综改区高新技术企业用于科技活动的全部研究费用共计 49.67 亿元，其中来自政府部门支持的研发经费 1.8 亿元。2019 年，山西综改区高新技术企业委托外单位开展科技活动经费共 1.8 亿元，其中委托境内研究机构 0.25 亿元，委托境内高校 0.19 亿元，委托境内企业 1.1 亿元，委托境外机构 0.015 亿元。

根据火炬统计，2019 年山西综改区高新技术企业总收入 908.94 亿元，产品销售收入 828.74 亿元，净利润 35.27 亿元，出口创汇 12.87 亿元，实现利税 26.84 亿元。2019 年山西省综改区高新技术产品销售收入 634.82 亿元，技术收入 53.8 亿元，高新技术产品出口 12.98 亿元。

（5）知识产权。2019 年山西综改区高新技术企业共申请专利 2060 件，其中拥有发明专利 2172 件，占申请专利的比重为 43.1%。2019 年专利授权 1169 项，其中授权发明专利 357 项，占比为 30.54%。通过专利所有权转让和许可方式取得知识产权 56 件。2019 年底，专利所有权转让及许可收入 135.4 万元。2019 年期末拥有有效专利数 6703 项。

山西综改区营业收入规模 10 亿元以上企业拥有专利占总数的 37.22%，2 亿~10 亿元企业拥有专利占总数的 18.18%，5000 万至 2 亿元企业拥有专利占总数的 14.62%，5000 万元以下企业拥有专利占总数的 29.98%。如表 5-14 所示。

表 5-14　2019 年山西综改区高新技术企业拥有有效知识产权情况

规模	企业数量（家）	期末拥有有效专利数（件）	占总有效专利比例（%）
5000 万元以下	771	786	29.98
5000 万至 2 亿元	90	322	14.62
2 亿~10 亿元	19	363	18.18
10 亿元以上	16	589	37.22
合计	896	2060	100

资料来源：《中国火炬统计年鉴》及火炬统计调查。

此外，山西综改区企业拥有有效知识产权中，发明专利 2172 件，软件著作权 9314 件，集成电路 21 件。2019 年，山西综改区高新技术企业累计形成国际标准 24 项，形成国家或行业标准 304 项，当年获得国家科技奖励 5 项，认定登记技术合同 190 项，注册商标 264 件。

2. 长治高新区

长治高新区成立于 1992 年，2015 年升级为国家高新区。长治高新区高新技术产业主要依托生物医药（山西康宝）、先进装备制造（西门子大型特种电机基地、玉华再制造、中德合资博太科电气、德国独资贝克电气）、光电产业（飞利浦—中池联华、台资崧宇科技、山西福万达等）链条形成主导方向，高新技术产业集聚规模逐步壮大。并在 2012 年成为山西省首家以装备制造（矿山装备）为方向的国家新型工业化产业示范基地，所形成的装备制造产业集群已被纳入国家战略层面的战略部署当中。

（1）总量及行业领域分布。2019 年，长治高新区高企数量增幅超过 29%，总数达到 64 家。在行业领域分布中，电子信息领域高新技术企业 16 家，占所有企业的 17%；先进制造与自动化企业 15 家，占企业总数的 16%；高技术服务业 9 家，占企业总数的 10%；生物与新医药 8 家，占企业总数的 9%。以上四个产业已发展成山西省长治高新区的重点产业（见图 5-15）。

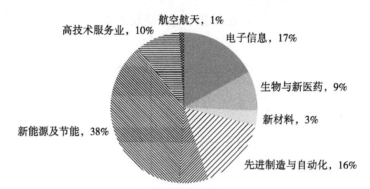

图 5-15　2019 年长治高新区行业领域高企分布

资料来源：《中国火炬统计年鉴》及火炬统计调查。

（2）长治高新区高新技术企业规模情况。火炬统计显示，2019 年长治高新技术企业中销售收入 5000 万元以下的有 53 家，5000 万至 2 亿元的企业有 5 家，超过 2 亿元的企业有 6 家（其中，10 亿元以上的企业有 1 家，100 亿元以上的企业有 1 家）。长治高新区营业收入规模 10 亿元以上企业总收入占比为 88.66%，2 亿~10 亿元企业总收入占比为 7.60%，5000 万至 2 亿元企业总收入占比为 1.93%，5000 万元以下企业总收入占比为 1.80%。如表 5-15 所示。

表 5-15　2019 年长治高新区企业总收入的规模情况

分类	企业数量（家）	占高企数量比（%）	总收入（亿元）	占总收入比（%）
5000 万元以下	53	83	4	1.80
5000 万至 2 亿元	5	8	4.29	1.93
2 亿~10 亿元	4	6	16.86	7.60
10 亿元以上	2	3	196.67	88.66
合计	64	100	221.82	100

资料来源：《中国火炬统计年鉴》及火炬统计调查。

（3）长治高新区高新产品收入和出口。长治高新区营业收入规模 2 亿元以上的高新产品销售收入为 145.12 亿元，5000 万至 2 亿元企业高新产品销售收入为 4.02 亿元，5000 万元以下企业高新产品销售收入为 2.79 亿元，如表 5-16 所示。

表 5-16 长治高新区高新产品销售收入和高新产品出口的规模

分类	企业数量（家）	数量占比（%）	高新产品销售收入（亿元）	高新产品出口（亿元）
5000 万元以下	53	82.81	2.79	0.05
5000 万至 2 亿元	5	7.81	4.02	0.86
2 亿元以上	6	9.38	145.12	1.06
合计	64	100	151.93	1.97

资料来源：《中国火炬统计年鉴》及火炬统计调查。

（4）创新投入产出。从投入来看，2019 年，长治高新区高新技术企业用于科技活动的全部研究费用共计 9.37 亿元，其中来自政府部门支持的研发经费 0.19 亿元。长治高新区高新技术企业还与境内研究机构和境内多家高校开展科技合作。

从产业来看，2019 年长治高新区高新技术企业总收入 221.86 亿元，产品销售收入 219.85 亿元，净利润 21.52 亿元，出口创汇 1.08 亿元，实现利税 27.79 亿元。其中，高新技术产品销售收入 152.08 亿元，技术收入 0.44 亿元，高新技术产品出口 1.97 亿元。

（5）知识产权情况。2019 年，长治高新区高新技术企业共申请专利 369 件，其中拥有发明专利 143 件，占申请专利的比重为 22.49%。2019 年专利授权 218 项，其中授权发明专利 26 项，占比为 11.92%。通过专利所有权转让和许可方式取得知识产权 11 件。2019 年期末拥有有效专利数 817 项。其中，发明专利 143 件，软件著作权 383 件，形成国家或行业标准 10 项，认定登记技术合同 69 项，注册商标 25 件。但无累计形成国际标准，无当年获得国家科技奖励。2019 年底，专利所有权转让及许可收入 90.8 万元。由上可知，长治高新区高新技术企业申请和拥有的发明专利占比较少，虽然也形成了一些国家和行业标准，但国际标准的缺失是阻碍高科技企业国际化发展的关键障碍。

进一步统计不同规模的高新技术企业拥有有效知识产权的数据，可以发现，长治高新区营业收入规模 10 亿元以上企业拥有专利占总数的 37.67%，2 亿~10 亿元企业拥有专利占总数的 12.74%，5000 万至 2 亿元企业拥有专利占总数的 7.32%，5000 万元以下企业拥有专利占总数的 42.28%（见表 5-17）。

表 5-17　2019 年长治高新区高新技术企业拥有有效知识产权情况

规模	企业数量（家）	期末拥有有效专利数（个）	占总有效专利比例（%）
5000 万元以下	53	156	42.28
5000 万至 2 亿元	5	27	7.32
2 亿~10 亿元	4	47	12.74
10 亿元以上	2	139	37.67
合计	64	369	100

资料来源：《中国火炬统计年鉴》及火炬统计调查。

总体来看，在政府和科技中介等相关支持机构的协同作用下，山西创新生态运作子系统表现出了一定的发展优势。高新技术企业和科技型中小企业数量持续增长，围绕电子、医药、光伏等典型产业，形成了一定的产业集聚态势。但是创新主体的数量仍相对不足，企业投入产出能力、知识产权创造能力、高新产品销售和出口能力仍有待提高。开发区建设主要还是通过土地、税收等优惠政策吸引高新技术企业入驻形成集聚，促进区域创新生态优化的自主机制和动力机制不足。

第二节　创新生态研发子系统现状

创新生态研发子系统主要由高校和科研机构组成，是创新生态系统的主要人才和技术来源，能够反映创新基础和研发动力的强弱。

一、高校

高校是创新人才培养的摇篮。近年来，山西省高校科技创新能力不断增强。在高校师资力量、科研经费支出、研究成果的数量和质量等方面都有所提高。

目前，山西省共有 85 所高等院校，其中 34 所本科院校，51 所专科院校。根据艾瑞深中国校友会网编制的《2020 中国大学评价研究报告》，太原理工大学排名 78，山西大学排名 94，中北大学排名 203，山西财经大学排名 198，山西师范大学排名 263，山西农业大学排名 247，太原科技大学排名 293。2019 年，山西农业大学和山西省农业科学院合并成新的山西农业大学。在师资力量上，2018 年山西共有 41910 名专任高校教师。2018 年山西高等学校 R&D 经费内部支出为 121134 万元，申报通过课题数为 13093 项。在科技产出中，发表科技论文 22091 篇，其中在国外发表 5341 篇，出版科技著作 934 种，发明专利为 2061 件，专利所有权转让及许可数为 44 件，收入为 241 万元，形成国家或行业标准 9 项。

然而，与全国高等教育的发展现状相比，山西高校的差距和不足也是相当明显的。例如：截至 2019 年 6 月 15 日，全国高等学校共计 2956 所，山西省高校数量在全国排名第 16 位，规模发展还存在较大空间。而且，高水平院校和高层次人才缺乏，山西省没有"985"院校，目前仅有一所省部共建的大学和一所"211"大学，近半数本科院校是在扩招期间由专科直接升格而来的。山西省仅有两院院士 28 名，占全国 1600 多名院士的比例为 1.75%，高校资源整体偏弱，发展水平落后，是影响创新生态研发子系统健康发展的不利因素（见表 5-18）。

表 5-18　山西本科学校名单

序号	高校	序号	高校
1	太原理工大学	11	晋中学院
2	山西大学	12	长治学院
3	中北大学	13	长治医学院
4	山西财经大学	14	运城学院
5	山西师范大学	15	忻州师范学院
6	山西医科大学	16	山西中西药大学
7	山西农业大学	17	吕梁学院
8	太原科技大学	18	太原学院
9	山西大同大学	19	山西警察学院
10	太原师范学院	20	山西应用科技学院

续表

序号	高校	序号	高校
21	山西大学商务学院	28	山西财经大学华商学院
22	太原理工大学现代科技学院	29	山西工商学院
23	山西农业大学信息学院	30	太原工业学院
24	山西师范大学现代文理学院	31	运城职业技术大学
25	中北大学信息商务学院	32	山西传媒学院
26	太原科技大学华科学院	33	山西工程技术学院
27	山西医科大学晋祠学院	34	山西能源学院

资料来源：根据公开资料整理。

二、科研机构

科研机构作为国家科技创新体系的重要组成部分，是开展科学技术研究的骨干力量，关系到国家和地区创新实力和区域经济可持续发展。2011 年开始，随着国务院分类事业单位改革的进行，部分公益类科研院所如技术、农业、医疗卫生类的机构逐步向服务产业化、功能社会化方向改制，科研院所的数量和结构也在发生较大的变化，形成了包括公益一类、公益二类、转制院所、新型研发机构等不同类型的划分（见表 5-19）。

表 5-19　公益一类和公益二类、转制院所的区别

类别	评价重点
公益一类	一般指以增进社会福利，满足社会文化、教育、科学、卫生等方面需要，提供各种社会服务为直接目的，评价目的是促使其不断提高服务质量和社会效益
公益二类	在确保公益目标前提下，可根据有关法律法规和政策规定提供相关服务获得自营收入。评价目的是促使其重视其成果转化，增强自负盈亏能力（差额+自收自支）

续表

类别	评价重点
转制院所	在共性技术研发与推广应用、行业技术中心和行业技术创新服务平台建设以及科技服务业发展等方面发挥作用，评价重点是鼓励创新产出，发挥技术溢出效应

资料来源：笔者整理而得。

近年来，山西省省级科研机构科研整体水平在多方面的努力下有了相对的改善和提升。根据 2018 年统计，山西公益类事业单位主要分为公益类、转制、新型研发机构三种类型，其中，全额公益一类 73 家，公益二类 24 家（包括差额 9 家和自收自支 15 家），转制科研机构 10 家，新型研发机构 2 家，共有 109 家省属科研机构（见图 5-16）。

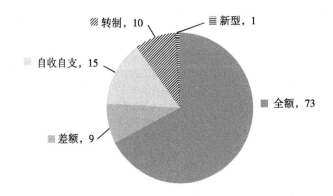

图 5-16 2018 年山西省科研机构类别构成

资料来源：根据山西省科技统计数据整理而得。

到 2019 年，山西科研机构数量达到 175 家。职工人数 12037 人，从事科技活动的人员 9322 人。按机构所属学科分别为自然科学领域 17 家，农业科学领域 66 家，医学科学领域 19 家，工程科学与技术领域 44 家，社会、人文科学领域 29 家。

（1）公益一类科研机构。公益类科研机构是政府公共服务职能的履行者，是构建社会公共服务体系的载体。公益一类承担义务教育、基础性科研、公共文化、公共卫生及基层的基本医疗服务等。山西主要公益一类科研院所如表 5-20 所示。

表5-20　山西省主要公益一类科研院所

山西省省级公益一类科研院所	所属机构
山西省农业科学院玉米研究所	
山西省农业科学院右玉农业试验站	
山西省农业科学院蔬菜研究所	
山西省农业科学院棉花研究所	
山西省农业科学院农业环境与资源研究所	
山西省农业科学院农作物品种资源研究所	
山西省农业科学院旱地农业研究中心	
山西省农业科学院现代农业研究中心	
山西省农业科学院作物科学研究所	
山西省农业科学院高寒区作物研究所	
山西省农业科学院小麦研究所	
山西省农业科学院园艺研究所	
山西省农业科学院经济作物研究所	山西省农业科学院（2019年，山西省委、省政府决定，山西农业大学和山西省农业科学院合署改革，成立新的山西农业大学农业类科研院所共28家并入山西农业大学）
山西省农业科学院畜牧兽医研究所	
山西省农业科学院农业资源与经济研究所	
山西省农业科学院果树研究所	
山西省农业科学院农产品贮藏保鲜研究所	
山西省农业科学院农产品加工研究所	
山西省农业科学院植物保护研究所	
山西省农业科学院食用菌研究所	
山西省农业科学院农业科技信息研究所	
山西省农业科学院高粱研究所	
山西省农业科学院谷子研究所	
山西省农业科学院农产品质量安全与检测研究所	
山西省农业科学院五寨农业试验站	
山西省农业科学院生物技术研究中心	
山西省农业科学院饲料兽药研究所	
山西省农业科学院隰县农业试验站	

续表

山西省省级公益一类科研院所	所属机构
山西省计量科学研究院	山西省市场监督管理局
山西省食品质量安全监督检验研究院	
山西省产品质量监督检验研究院	
山西省标准化研究院	
山西省锅炉压力容器监督检验研究院	
山西省食品药品检验所	山西省药品监督管理局
山西省医药与生命科学研究院	
山西省古建筑与彩塑壁画保护研究院	山西省文物局
山西省考古研究院	
山西戏剧职业学院戏剧研究所	山西省文化和旅游厅
山西省音乐舞蹈曲艺研究所	
山西省生殖科学研究所	
山西省分析科学研究院	
山西省蚕业科学研究院	
山西省体育科学研究所	
山西省教育科学研究院	
山西省财政科学研究所	
山西省水产科学研究所	
山西省农村经济研究所	
山西省林业科学研究院	
山西省环境科学研究院	
山西省水利水电科学研究院	
山西省测绘工程院	
山西省遥感中心	
山西省综合地理信息中心	
山西省科技发展战略研究所	
山西省科学技术情报研究所	
山西省气象科学研究所	
山西省气象信息中心	

资料来源：根据山西省科技统计数据整理而得。

（2）公益二类科研机构。公益二类，即承担高等教育、非营利医疗等公益服务，部分可以由社会服务或者由市场配置资源的事业单位代替。公益二类包括了差额拨款和自收自支类，成分比较复杂。山西省主要公益二类科研院所如表5-21所示。

表5-21　山西省主要公益二类科研院所

序号	科研院所名称	序号	科研院所名称
1	山西省地质调查院	8	山西省工业标准化研究院
2	山西省地质矿产研究院	9	山西省心血管病研究所
3	山西省环境规划院	10	山西省煤炭地质115勘查院
4	山西省生态环境研究中心	11	山西省发展和改革委员会宏观院
5	山西省水资源研究所	12	山西省地方病防治研究所
6	山西省煤炭地质勘查研究院	13	山西省煤炭资源地质局
7	山西省地球物理化学勘查院		

资料来源：根据山西省科技统计数据整理而得。

（3）转制科研机构。转制科研机构是指对所属科研机构进行企业化转制，即国家下属的科研机构由原来的事业单位转制为自负盈亏的科技型企业。转制作为科技体制改革的突破口，有利于缓解科技经济结合的难题，逐步形成较为完善的国家创新体系；对于科研机构而言，科研机构转制为企业或进入企业后，科研机构对内改革产权制度、调整运行管理机制，对外发展科技产业、加强持续积累，创新和服务能力显著增强，有利于孕育具有行业影响力的科技型企业。

近年来，山西省大力推进省属转制科研机构改革工作。省级科研机构（转制科研机构）也在聚焦研发主业，加大技术攻关力度，积极打造人才高地，发挥转制科研机构在共性基础研究、科技成果转化等方面的独特优势，为推动山西高质量转型发展提供了有力的科技支撑。山西省2018年主要转制科研机构清单如表5-22所示。

表 5-22 2018 年山西省主要转制科研机构清单

序号	转制机构名称	上级主管单位名称
1	山西省化学纤维研究所（有限公司）	山西省国有资产经营有限公司
2	山西省纺织科学研究所	山西省纺织行业管理办公室
3	山西省琉璃陶瓷科学研究所（有限公司）	山西省国有资产投资控股集团
4	山西省化工研究所（有限公司）	山西省国有资产投资控股集团
5	山西省应用化学研究所（有限公司）	山西省国有资产投资控股集团
6	山西省建筑材料工业设计研究院	山西省国有资产投资控股集团
7	山西糖酒副食有限责任公司盛唐商业科学研究所	山西省商务厅
8	山西省印刷技术研究所	山西出版传媒集团有限责任公司

资料来源：根据山西省科技统计数据整理而得。

（4）新型研发机构。新型研发机构是指聚焦科技创新需求，主要从事科学研究、技术创新和研发服务，投资主体多元化、管理制度现代化、运行机制市场化、用人机制灵活的独立法人机构，是技术创新体系的重要组成部分。

2018 年，山西省新型研发机构数量较少，仅有综改区山西高等创新研究院、清华大学山西清洁能源研究院 2 家。

2020 年 5 月，山西省出台《关于促进新型研发机构发展的实施办法（试行）》，目的是打造一流创新生态，优化山西省科研力量布局，强化产业技术供给。2021 年和 2022 年省科技厅认定两批省级新型研发机构共 13 家（见表 5-23）。

表 5-23 山西省科技厅认定的主要新型研发机构清单（2021~2022 年）

序号	转制机构名称	上级主管单位名称
1	山西高等创新研究院	山西省高端新型研发机构
2	山西省超级计算中心	山西省高端新型研发机构

续表

序号	转制机构名称	上级主管单位名称
3	山西纳安生物科技股份有限公司	山西省新型研发机构
4	山西华兴科软有限公司	山西省新型研发机构
5	大同市煤炭清洁高效利用研究所	山西省新型研发机构
6	长治市武理工工程技术研究院	山西省新型研发机构
7	晋城市光机电产业研究院	山西省新型研发机构
8	山西大地新亚科技有限公司	山西省新型研发机构
9	山西诺普生物医药科技有限公司	山西省新型研发机构
10	清研先进制造产业研究院（阳泉分公司）	山西省新型研发机构
11	安可瑞（山西）生物细胞有限公司	山西省新型研发机构
12	山西三友和智慧信息技术股份有限公司	山西省新型研发机构
13	山西卓联锐科科技有限公司	山西省新型研发机构

资料来源：根据山西省科技统计数据整理而得。

此外，2020年，山西省工信厅也基于自身行政管辖范围和行业领域确定了首批工业和信息化领域产学研新型研发机构19家，新型研发机构培育单位102家。研发机构行业涉及信创、光电、碳基新材料、现代医药、先进轨道交通装备、煤机智能制造装备等十四大标志性引领性产业集群，形成了引领产业发展、服务企业创新的重要载体，成为十四大重点产业创新生态架梁立柱的核心力量。

综上所述，当下在山西启动实施"111""1331""136"三大创新工程的重要阶段，科研机构的创新能力建设对于山西省关键核心技术和共性技术突破、科技管理体制机制改革等方面具有重要影响。随着各类科研机构不断加大创新投入、提高科研产出和成果转化，科研机构创新能力进一步增强。

然而，相较于其他经济发达省份，山西省新型科研机构尚处在发展阶段。主要表现在：①山西省科研机构科技创新绩效能力较弱，高层次人才匮乏，科研成果创新质量有待提高，科研经费来源不稳定，成果转化水平低。②科研机构整体发展情况不平衡，出现明显两极分化现象。部分科研机构发展较快较好，部分转制科研机构还面临较大困境。尤其是在基础设施、高层次人才占比、科研项目经费、科研项目来源方面各机构强弱差距更为明显。③新型研发机构作为重点产业创新生态构建的重要抓手，2018年至今，数量虽有显著增长，但省内新型研发机构在建设过程中，仍主要依靠政府财政支持运营，省内外社会资本对新型科研机构参与程度和存在感不高。且不同类型的新型研发机构采用相同的管理模式，无法满足新型研发机构与市场需求接轨的发展需求，导致研发机构未能很好地体现产业的支撑引领作用。

第三节　创新生态支持子系统现状

创新生态支持子系统的现状主要从创新政策支持、创新平台支持和产学研协同创新三方面体现。

一、创新政策支持

创新政策是创新生态系统中重要的组成部分，在促进创新生态构建方面发挥了重要作用。它一方面是中央政策的宣传和实施者，细化落实中央政府的指导方针和法律法规；另一方面地方结合区域特点，补充制定了本区域发展的扶持政策措施。两者相互补充、相互支持，营造了良好的科技型创新环境。发达国家和地区创新生态建设的经验告诉我们，政府出台有力的创新政策，不仅能够直接集聚和协调创新资源，还能够加强创新主体、创新群落和创新环境之间的关系，促进制度环境的优化。

梳理山西相关创新政策，可以发现创新政策演变过程主要经历了如下几个阶段：

（1）创新生态政策酝酿阶段（2000～2007年）。2000年后，中国创新政策总体数量呈递增趋势，尤其是2011年以来数量激增。造成这个现象的原因可能是与中国当时的经济背景有关。2011年，制定《国民经济和社会发展第十二个五年规划纲要》全面落实科教兴国和人才强国战略，各级政府充分认识到科技进步和创新对于加快转变经济发展方式的重要作用。随着国家创新政策总体数量的增

加，山西一方面落实国家科技政策及规划，另一方面结合本地情况制定颁布了本
地区域科技创新政策，主要为科技创新制定办法、纲要等，同时加快区域创新体
系建设，为科技创新创造良好的制度环境（见表 5-24）。

表 5-24　2000~2007 年出台的创新政策

年份	支持政策	发布单位	目的/内容/影响
2002	《山西省高新技术产业发展条例》	山西省第九届人民代表大会常务委员会	发展对经济增长有重大带动作用的高新技术产业就能实现经济增长的跨越式发展
2004	《山西省科学技术奖励办法》	山西省人民政府	奖励在山西省科学技术进步活动中做出突出贡献的公民、组织，调动科学技术工作者的积极性和创造性，加速科学技术事业及经济、社会的发展
2007	《中华人民共和国科学技术普及法》	中华人民共和国第九届全国人民代表大会常务委员会	实施科教兴国战略和可持续发展战略，加强科学技术普及工作
2007	《山西省中长期科学和技术发展规划纲要（2006—2020）》	山西省人民政府	深入实施科教兴晋和人才强省战略，加快科技事业发展，提高区域自主创新能力，全面建设创新型省份，充分发挥科技对全省经济社会发展的重大支撑和引领作用
2007	《关于加快区域科技创新体系建设的若干意见》	山西省人民政府	加快我省区域科技创新体系建设步伐，增强整体创新能力，努力建设创新型山西
2007	《关于加快推进科技进步和创新的决定》	山西省委、省政府	加快构建具有山西特色的地区科技进步和创新体系，大力提升科技进步和创新能力，为全省经济社会发展提供强大支持

资料来源：根据山西省人民政府、山西省科技厅等网站所发布的政策整理而得。

（2）创新生态政策低迷阶段（2008~2014 年）。这一时期政策数量出台总体
处在较低水平，主要是确立发展目标，提出主要任务和主要举措（见表 5-25）。

表 5-25　2008~2014 年出台的创新政策

年份	支持政策	发布单位	内容/影响
2009	《关于发挥科技支撑作用促进经济平稳较快发展的意见》	山西省人民政府	按照中央应对国际金融危机的战略部署，着眼于转型发展、安全发展、和谐发展，将推动高新技术产业化作为发挥科技支撑作用，确保经济平稳较快发展
2011	《关于加快培育和发展战略性新兴产业的意见》	山西省人民政府	加快培育和发展战略性新兴产业，促进我省尽快扭转支柱产业单一，缓解资源环境约束，引导和带动产业结构由粗放、高耗、低效向集约、低碳、多元循环发展转变
2012	《山西省自主创新能力建设"十二五"规划》	山西省发展改革委	"十二五"期间，山西省高新技术产业总量要实现翻两番。到 2015 年，全省可独立计算的高新技术产业增加值要超过 1500 亿元，年均增速达到 30%以上，占全省 GDP 比重达到 8%以上
2013	《关于深化科技体制改革加快创新体系建设的实施意见》	山西省委、省政府	实施创新驱动发展战略，增强自主创新能力，充分发挥科技对经济社会发展的支撑引领作用，有力促进全省转型跨越发展，加快创新体系建设
2014	《国家创新驱动发展战略山西行动计划（2014—2020 年）》	山西省政府	以重大的标志性工程为龙头和牵引，以行动计划为支撑，以政策措施为保障，形成了总体目标、重大创新工程、主导产业领域、企业及其他重要方面行动、政策措施保障等内容构成的山西转型发展路径和重点

资料来源：根据山西省人民政府、山西省科技厅等网站所发布的政策整理而得。

（3）2014 年以后，创新生态政策密集发布阶段。2014 年以后，出台了一系列针对创新生态的规划和政策。"大众创业、万众创新"行动的开展，标志着中国从要素驱动、投资驱动转向创新驱动战略的转变。2016 年，山西省制定"十三五"科技创新规划。2019 年，明确提出了大力实施创新驱动、科教兴省、人才强省战略，全力打造一流创新生态。这一阶段是实施创新驱动战略和建设创新型省份的关键时期，密集出台了一系列促进科技创新生态建设、创新高质量发展的政策文件，为发挥科技创新对经济社会发展的重要支撑引领作用（见表 5-26）。

表 5-26　2015~2021 年出台的创新政策

年份	支持政策	发布单位	内容/影响
2015	《关于实施科技创新的若干意见》	山西省委、省政府	围绕"四个全面"战略布局，加快实施创新驱动发展战略，建立重点人才团队和平台协同发展的机制、构建多元化科技投融资体系、实施重大科技创新工程、推动形成深度融合的开放创新局面等

续表

年份	支持政策	发布单位	内容/影响
2015	《关于发展众创空间推进大众创新创业的实施意见》	国务院办公厅	顺应网络时代大众创业、万众创新的新趋势，加快发展众创空间等新型创业服务平台，营造良好的创新创业生态环境
2016	《山西省"十三五"科技创新规划》	山西省人民政府	分析了"十三五"期间山西省科技创新发展基础和面临形势，明确了"十三五"期间山西省科技创新的指导思想、原则和主要目标，"十三五"期间要实施科技创新重大工程、突破重点领域关键技术、建设区域特色创新体系和推进大众创业、万众创新
2017	《山西省科技创新促进条例》	山西省第十二届人民代表大会常务委员会	实施创新驱动发展战略，提高科技创新能力，包括科技创新人才培养和引进、科技创新平台建设、科技项目管理、科技成果转化、科技创新保障等
2017	《关于印发山西省支持科技创新若干政策的通知》	山西省人民政府办公厅	深入实施创新驱动发展战略，深入推进以科技创新为核心的全面创新，加快创新型省份建设。重点支持科技研发投入、科研成果转化、知识产权保护、创新服务体系建设、大众创业万众创新等
2017	《山西省支持科技创新的若干政策》	山西省人民政府办公厅	引导企业加大研发投入、开展重大关键技术攻关、支持科技成果转化产业化、推进高新技术产业开发区建设等9个方面制定了共24项具体政策
2019	《山西省推动创新创业高质量发展20条措施》	山西省人民政府办公厅	深入实施创新驱动发展战略，进一步激发市场活力和社会创造力，推动山西创新创业高质量发展，打造"双创"升级版
2020	《山西省企业技术创新全覆盖工作推进方案》	山西省人民政府	构建产业联盟、行业专家、创新平台三层指导体系，实施关键技术、创新项目、试点示范三个百项引领，确保2020年实现企业技术创新活动全覆盖
2020	《关于加快构建山西省创新生态的指导意见》	山西省人民政府	贯彻省委、省政府关于全力打造一流创新生态的重大决策部署，大力实施创新驱动、科教兴省、人才强省战略，全面构建有利于创新活力充分涌流、有利于创业潜力有效激发、有利于创造动力竞相进发的创新生态
2020	《山西省建设人才强省、优化创新生态的若干举措》	山西省委人才工作领导小组	实行人才工作专项述职，开展人才工作专项考核，以项目引进急需紧缺人才，精准支持高层次人才及团队，提高国有企业人才薪酬，大力支持企业引才聚才
2021	《山西省创新驱动高质量发展条例》	山西省第十三届人大常委会	旨在实施创新驱动发展战略和推动经济社会高质量发展，致力于形成多元社会主体共同推动质量变革、效率变革和动力变革的新格局

资料来源：根据山西省人民政府、山西省科技厅等网站所发布的政策整理而得。

由政策脉络可以看出，后期创新政策尤其是 2019 年以后，山西省委、省政府更加聚焦"创新生态"建设，出台了关于创新生态的"十四五"规划、创新生态构建指导意见、12 条人才配套政策等。政策体系更加健全，贯穿创新生态主线对未来五年甚至到 2035 年都制定了远景目标规划，必将会对山西实施人才强省战略，打造一流创新生态，构建具有较强竞争力的创新生态体系产生积极而深远的影响。

从政策工具视角分析，在政府促进创新生态建设的政策工具中，一种分类视角是将政策分为宏观层面的创新文化培育、法律和社会规范，中观层面的教育培训、基础设施建设、科技公共服务，微观层面的创业投融资、税收等。另一种分类视角是采用"供给侧""环境侧"和"需求侧"的分类方式：供给侧包括人才、信息、资金等的投入，通过改善创新要素供给推动科技创新；环境侧指通过法规管制、税收、金融、知识产权保障等方式间接促进创新活动；需求侧是指采用政府采购、贸易管制等方式稳定市场需求，增加创新驱动力，加速创新扩散。山西省政府促进创新生态建设的政策工具主要有：①供给侧方面，山西采取了资金扶持、技术支持、人才激励、信息服务等手段，进一步集聚创新资源，加大政府对创新的支持力度；②环境侧方面，山西采取了战略规划、基础设施建设、行政支持、金融支持、法规管制等措施进一步完善公共服务、优化营商环境；③需求侧方面，采用了政府采购、消费补贴、首台套等为主的政策。政策工具的进一步完善为创新生态的优化奠定了坚实的基础。

二、创新平台支持

1. 重点实验室

目前全省重点实验室等创新平台基地初具规模，已建设重点实验室 102 个，其中，国家级重点实验室 5 个（含 3 个企业国家重点实验室）；国家重点实验室分中心 1 个；省部共建国家重点实验室培育基地 4 个。下一步山西省将谋划启动一批创新平台基地建设工作，聚集 14 个重点产业领域，研究制定"111"创新工程创新平台基地建设三年行动计划，以及 2020 年重点任务 10 个山西省重点实验室、10 个科技成果中试熟化与产业化基地和 10 个省级制造业技术创新中心建设方案。

2. 技术创新联盟

产业技术创新联盟是指由企业、高校、科研机构或其他组织机构，以企业的发展需求和各方的共同利益为基础，以推动产业发展和提升产业技术创新能力为目标，以具有法律约束力的契约为保障而形成的联合开发、优势互补、利益共享、风险共担的技术创新合作组织。这些联盟旨在改造提升传统优势产业，培育发展新兴产业，全面提升产业自主创新能力和竞争力。截至 2019 年，山西形成了 76 家产业技术创新联盟。产业技术创新联盟名单如表 5-27 所示。

表 5-27　山西省主要产业技术创新联盟名单

序号	联盟名称	序号	联盟名称
1	山西省建筑保温与结构一体化产业技术创新战略联盟	15	山西省乳制品产业技术创新战略联盟
2	山西省纳米功能聚合物复合材料军民融合产业技术创新战略联盟	16	山西省绿色肥业产业技术创新战略联盟
3	山西省黍子产业技术创新战略联盟	17	山西省纯电动汽车产业技术创新战略联盟
4	山西省健康大数据产业技术创新战略联盟	18	山西省石墨烯产业技术创新战略联盟
5	山西省茄果类蔬菜产业技术创新战略联盟	19	山西省服务机器人产业技术创新战略联盟
6	山西省医院中药制剂产业技术创新战略联盟	20	山西省小杂粮产业技术创新战略联盟
7	山西省公路桥梁隧道加固维修产业技术创新战略联盟	21	山西省马铃薯产业技术创新战略联盟
8	山西省北斗导航与位置应用产业技术创新战略联盟	22	山西省旱作节水农业产业技术创新战略联盟
9	山西省消防与矿山应急救援产业技术创新战略联盟	23	山西省土地资源恢复与整理产业技术创新战略联盟
10	高性能镁合金产业技术创新战略联盟	24	山西省老陈醋产业技术创新战略联盟
11	山西省文化数字内容产业技术创新战略联盟	25	山西省酒产业技术创新战略联盟
12	稀缺煤焦煤保护性开采与清洁利用产业技术创新战略联盟	26	山西省晋药产业技术创新战略联盟
13	山西省中医药中老年健康产业技术创新战略联盟	27	山西省农业装备产业技术创新战略联盟
14	山西省工业控制系统信息安全产业技术创新战略联盟	28	山西省黄芪产业技术创新战略联盟

续表

序号	联盟名称	序号	联盟名称
29	山西省桑产业技术创新战略联盟	52	山西省煤系固废资源化产业技术创新战略联盟
30	山西省煤与煤层气共采产业技术创新战略联盟	53	山西省传感器产业技术创新战略联盟
31	山西省新能源锂电产业技术创新战略联盟	54	山西特色小麦产业技术创新战略联盟
32	山西省煤机装备产业技术创新战略联盟	55	山西省藜麦产业技术创新战略联盟
33	山西省高粱产业技术创新战略联盟	56	山西芦笋产业技术创新战略联盟
34	山西盐碱地改良产业技术创新战略联盟	57	山西省半导体产业联盟
35	山西枣产业技术创新战略联盟	58	山西省传感器产业联盟
36	山西耐火材料产业技术创新战略联盟	59	山西省光伏产业联盟
37	山西食用菌产业技术创新战略联盟	60	山西省 LED 产业联盟
38	山西晋猪产业技术创新战略联盟	61	山西省大数据发展联盟
39	山西超重力环保产业技术创新战略联盟	62	工业互联网联盟（山西分联盟）
40	山西省生态绿化产业技术创新战略联盟	63	山西省 5G 应用创新联盟
41	煤气化技术及装备产业技术创新战略联盟	64	山西省物联网产业技术联盟
42	废旧路面再生循环利用产业技术创新战略联盟	65	山西省工业控制系统与安全产业联盟
43	山西省陶瓷产业技术创新战略联盟	66	山西省氢能源及燃料电池产业战略联盟
44	山西省兽药产业技术创新战略联盟	67	山西省磁材联盟
45	山西省谷子产业技术创新战略联盟	68	山西省球墨铸铁曲轴铸造产业技术联盟
46	山西省胡麻产业技术创新战略联盟	69	山西省智能制造产业技术联盟
47	山西省高端重型装备智能制造产业技术创新战略联盟	70	山西省增材制造产业技术联盟
48	山西省轨道交通产业技术创新战略联盟	71	山西省轨道交通产业技术联盟
49	山西省磁性材料产业技术创新战略联盟	72	山西省焦化产业联盟
50	山西省铝工业产业技术创新战略联盟	73	山西省中医药科技创新联盟
51	山西省炭素产业技术创新战略联盟	74	山西省水泥产业发展战略联盟

续表

序号	联盟名称	序号	联盟名称
75	山西省现代物流与供应链联盟	76	山西药茶产业联盟

资料来源：山西省科技厅网站。

3. 众创空间

（1）数量及地区分布。截至 2019 年，山西省共统计有众创空间数量为 343 家，依存的运营主体单位 340 家，其中太原市 159 家，大同市 23 家，阳泉市 18 家，长治市 33 家，晋城市 14 家，朔州市 10 家，晋中市 22 家，运城市 10 家，忻州市 13 家，临汾市 25 家，吕梁市 16 家。

（2）众创空间运营情况。2019 年，343 家众创空间使用面积约为 141.16 万平方米，累计总收入为 506798.8 千元，运营成本 530011.78 千元，超出累计总收入数，说明目前山西省众创空间处于非营利状态，对于政策福利情况，343 家众创空间当年享受税收优惠政策免税金额共计 1136.69 千元，仅为众创空间运营成本的 2‰，有 321 家众创空间没有获得政府给予的税收优惠政策免税金额福利，占全部众创空间的 93.59%，说明政府扶持政策还应不断倾斜和加强（见图 5-17）。

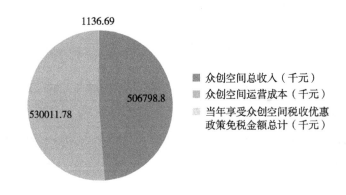

图 5-17　2019 年山西省众创空间运营情况

资料来源：《中国火炬统计年鉴》及火炬统计调查。

（3）众创空间服务情况。2019 年山西省众创空间累计提供工位数 58155 个，其中有 12 家众创空间没能为企业提供工位，占全部众创空间的 3.50%，英特普斯众创空间提供工位数量最多，为 1260 家；众创空间服务人员数量达 4760 人次，其中有 13 家众创空间服务人员数量为 0，占全部众创空间的 3.79%，平遥唐都推光漆器创意园服务人员数量最多，为 88 人次。

山西省众创空间 2019 年举办创新创业活动共 8821 场次，其中有 13 家众创空间没有举办创新创业活动，占全部众创空间的 3.79%，AI+同大创客中心举办创新创业活动最多 130 场。开展创新教育活动 6324 场次，其中有 14 家众创空间没有开展创新教育活动，占全部众创空间的 4.08%，华翔金属成型专业化众创空间开展教育活动最多 193 场。

此外，众创空间服务的创业团队累计 10580 个，其中初创企业团队共 8025 家，占比高达 75.58%。山西省众创空间服务情况如图 5-18 所示。

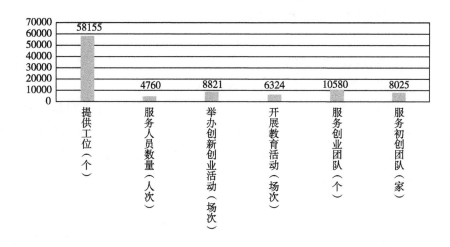

图 5-18　众创空间服务情况

资料来源：《中国火炬统计年鉴》及火炬统计调查。

由图 5-18 可以看出，山西省众创空间对企业提供的服务及帮扶力度较大。

（4）孵化器。

1）数量及地区分布。2019 年山西省共有孵化器 69 家，其中太原市 30 家；大同市 14 家；阳泉市 7 家；长治市 5 家；晋城市 3 家；朔州市 2 家；晋中市 5 家；运城市 3 家；忻州市 5 家；临汾市 2 家；吕梁市 3 家。从以上数据可以看出太原市遥遥领先于其他地市，大同市排第二，但也不足太原市的一半，剩余地市孵化器数量相差不大，均较少（见图 5-19）。

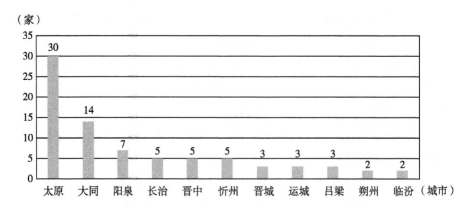

图 5-19　2019 年山西省孵化器数量及地区分布情况

资料来源:《中国火炬统计年鉴》及火炬统计调查。

从以上数据可以看出太原市遥遥领先于其他城市,大同市排第二位,但也不足太原市的一半,剩余城市孵化器数量相差不大,均较少。

2)孵化器运行情况。山西省孵化器管理机构从业人员累计共 1121 人次,接受专业培训人数 482 个,拥有创业导师共 1080 个,其中创业导师对接的企业团队有 2062 家,签约中介机构有 596 家,累计在孵企业培训人员 69507 人次,开展创新创业活动 1747 场次(见图 5-20)。

图 5-20　2019 年山西省孵化器运营情况

资料来源:《中国火炬统计年鉴》及火炬统计调查。

3）孵化器主要经济指标。山西各类孵化器 2019 年累计总收入达 74322.38 万元，其中有 10 家孵化器总收入为 0，占比为 14.49%，山西联益产业园运营管理有限公司总收入最多，为 25900 万元，占总收入的 34.85%。各类孵化器运营成本 46787.64 万元，说明整体呈现盈利状态。

孵化器对公共技术服务平台投资总额共 3159.4 万元，其中有 47 家孵化器没有对公共技术服务平台进行投资，占比达 68.12%。

山西省各孵化器累计享受到来自政府的税收优惠政策免税金额共计 1387.35 万元，仅为运营成本的 2.97%，其中有 56 家孵化器没有享受到政府的税收优惠减免金额，占全部孵化器的 81.16%，启迪（太原）科技园投资发展有限公司享受的税收优惠减免金额最多 953.6 万元。

孵化器 2019 年用于外界的投资共计 490266.999 万元，其中约 83.77% 来用于企业投资，其次是财政投资 78300 万元，社会组织投资和其他投资均为 637 万元，如图 5-21 所示。

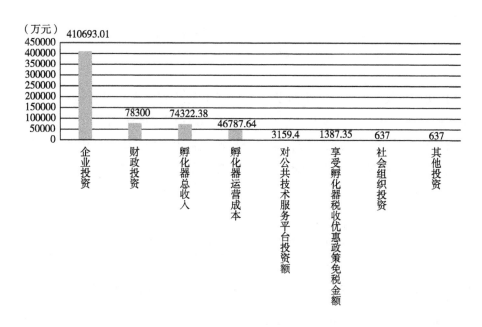

图 5-21　2019 年山西省孵化器主要经济指标

资料来源：《中国火炬统计年鉴》及火炬统计调查。

4）孵化器孵化企业情况。截至 2019 年，山西省科技孵化器内企业总数共计

2882 个，其中在孵企业 2548 个，当年新增在孵企业 602 个，占全部在孵企业的 23.63%，累计毕业企业数 2085 个（见图 5-22）。数据统计显示，在孵企业总收入达 65.03 亿元，拥有有效知识产权数 5114 件。

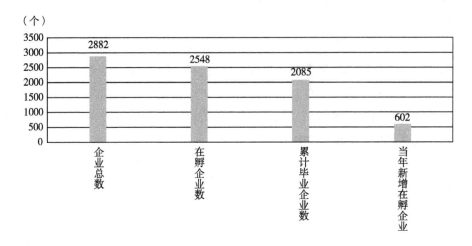

图 5-22　2019 年山西省孵化器孵化企业数据情况

资料来源：《中国火炬统计年鉴》及火炬统计调查。

5）协同发展投资基金。协同发展投资基金是政府出资引导社会资本参与，扶持产业发展的又一创新举措。为了进一步发挥政府资金的杠杆作用，支持重点产业领域转型升级，山西进一步探索基金投资的有效路径，印发《山西省政府投资基金管理暂行办法》，成立由政府出资设立、按市场化方式募集运作的产业投资基金共 38 只（见表 5-28）。

表 5-28　38 只政府出资产业投资基金名单（2018 年公布）

序号	基金名称	基金管理人
1	山西中小企业创业投资基金（有限合伙）	山证基金管理有限公司
2	山西省创业风险投资引导基金有限责任公司	山西省创业风险投资引导基金有限责任公司
3	山西晋煤煤炭清洁利用股权投资合伙企业（有限合伙）	山西晋财惠晋资本管理有限公司
4	山西综改示范区基础设施股权投资基金（有限合伙）	北京首创资本投资管理有限公司

续表

序号	基金名称	基金管理人
5	山西综改示范区成果转化股权投资基金（有限合伙）	上海万方投资管理有限公司
6	临汾市尧都区创投基金合伙企业（有限合伙）	上海浦昌股权投资基金有限公司
7	吕梁市离石区中小企业创业创新投资管理中心（有限合伙）	北京诺伊投资有限公司
8	山西易鑫创业投资有限公司	山西易鑫创业投资有限公司
9	山西红土创新创业投资有限公司	深圳市创新投资集团有限公司
10	山西惠百川创业投资有限公司	山西惠百川创业投资有限公司
11	山西晨皓创业投资有限公司	山西晨皓创业投资有限公司
12	吕梁佳信德战略性新兴产业基金（有限合伙）	吕梁市离石区佳信德投资管理有限公司
13	山西金通创业投资有限公司	山西金通创业投资有限公司
14	山西中盈洛克利创业投资有限公司	洛克利（北京）投资管理顾问有限公司
15	北京赛伯乐恒舜通投资管理中心（有限合伙）	赛伯乐舜通（北京）投资基金管理有限公司
16	大同市政府产业投资引导基金有限公司	大同市政府产业投资引导基金有限公司
17	山西轨道交通装备制造业基金	山西国金股权投资管理有限公司
18	运城运芮医药创业投资合伙企业（有限合伙）	山西国金股权投资管理有限公司
19	山西电力装备制造业基金	山西国金股权投资管理有限公司
20	运城国金教育信息化投资中心合伙企业（有限合伙）	山西国金股权投资管理有限公司
21	山西中睿移动能源产业股权投资中心（有限合伙）	中睿资产管理有限公司
22	山西省小微企业创业投资基金	山西省中小企业创业投资有限公司
23	太原科创嘉德创业投资中心（有限合伙）	太原清控科创投资基金管理有限公司
24	太原科创兴业创业投资中心（有限合伙）	太原清控科创投资基金管理有限公司
25	运城市河东兴农股权投资合伙企业（有限合伙）	山西晋尚博银股权投资管理有限公司
26	山西大舜兴农股权投资合伙企业（有限合伙）	山西晋尚博银股权投资管理有限公司
27	运城山证中小企业创业投资合伙企业（有限合伙）	山证基金管理有限公司
28	晋中开发区产业基金	晋中金控股权投资基金管理有限公司
29	山西省新晋国发文化产业投资中心（有限合伙）	山西省文化产业股权投资管理有限公司、山西金利行股权投资管理有限公司
30	山西国君创投股权投资合伙企业（有限合伙）	山西国金股权投资管理有限公司

续表

序号	基金名称	基金管理人
31	山西省改善城市人居环境投资引导基金（有限合伙）	北京首创资本投资管理有限公司
32	晋城市红土创业投资有限公司	深圳市创新投资集团有限公司
33	山西省农业产业发展基金之山西牧业产业投资基金	山西省创业投资基金管理有限公司
34	山西中合盛新兴产业股权投资合伙企业（有限合伙）	中合盛资本管理有限公司
35	山西中合盛文化产业股权投资合伙企业（有限合伙）	中合盛资本管理有限公司
36	山西中合盛旅游产业股权投资合伙企业（有限合伙）	中合盛资本管理有限公司
37	山西龙城富通生物产业创业投资有限公司	山西龙城燕园创业投资管理有限公司
38	山西综改示范区产业发展股权投资基金（有限合伙）	大证中科资产管理（宁波）有限公司

资料来源：山西省发展和改革委员会发布。

6）科技研发平台建设。2019 年山西省拥有国家级企业技术中心 29 家，省级企业技术中心 315 家。在山西省高新技术企业中，11 家企业拥有国家重点实验室、国家工程技术研究中心、国家企业技术中心等国家级平台，178 家企业建有省级工程技术研究中心、省级企业技术中心等省级平台，180 家企业技术中心被认定为市级企业技术中心。高新技术企业作为地区创新生态系统的中坚力量，科技研发平台建设情况反映了企业的核心技术和研发能力的强弱。

三、产学研协同创新

产学研协同创新是当今世界科技创新活动的趋势，反映了一个地区企业、高校与科研机构的创新资源共享程度。通过分析高新技术企业与境内研究机构、境内高等学校、境内企业、境外机构协同创新四方面考察产学研究合作与融合现状，从中可以了解创新生态系统中创新主体的互动和依赖情况。

1. 与境内研究机构协同创新情况

（1）协同创新企业数量。2019 年与境内研究机构协同创新的高新技术企业累计 70 家，其中太原市最多，为 24 家，太原市共有 1612 家高新技术企业，有1588 家企业没有与研究机构开展协同创新合作，其次是运城市有 10 家高新技术企业开展了协同创新活动，数量最少的是阳泉市，仅有 1 家高新技术企业开展了协同创新活动，大同市有高新技术企业 58 家，有 10 家企业开展协同创新活动，占比为 10.34%，在所有地市中占比最高，如图 5-23 所示。

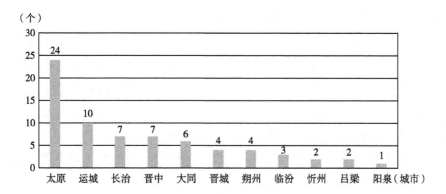

图 5-23　2019 年山西省各地市与境内研究机构开展协同创新企业数量

资料来源：《中国火炬统计年鉴》及火炬统计调查。

（2）开展科技活动费用情况。2019 年山西省高新技术企业与境内研究机构开展科技活动费用累计约 534969.44 千元，其中晋中市开展科技活动费用最高 432761.6 千元，远超出其他地市，占全部费用的 80.89%；其次是太原市 30760.32 千元，仅占全部费用的 5.75%；长治市和太原市相差不大，开展科技活动费用 27587.71 千元，占全部费用的 5.16%；排在最后的是临汾市仅为 92 千元。此外，运城市、忻州市、吕梁市、朔州市、阳泉市开展科技活动费用占全部费用的比例不足 1%，应注意不断加强与提高，从以上数据可以看出与境内研究机构开展科技活动费用主要集中在晋中市，如图 5-24 所示。

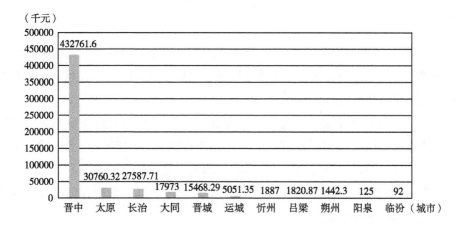

图 5-24　2019 年山西省各地市与境内研究机构开展科技活动费用情况

资料来源：《中国火炬统计年鉴》及火炬统计调查。

2. 与境内高等学校协同创新情况

（1）协同创新企业数量。2019 年高新技术企业与境内高等学校协同创新企业累计 98 家，其中太原市最多，为 57 家，这主要归因于太原市高等学校数量居多；其次是运城市，有 10 家；排在最后的是吕梁市，所有高新技术企业均没有与高等学校开展协同创新活动；大同市、朔州市、忻州市、临汾市的高新技术企业数量一样，均为 3 家。根据数据分析得出，高新技术企业与高等学校开展协同创新情况整体表现就差，其中开展协同创新的企业数量占比均不足 10%，应注意不断加强和提高企业协同创新的能力，如图 5-25 所示。

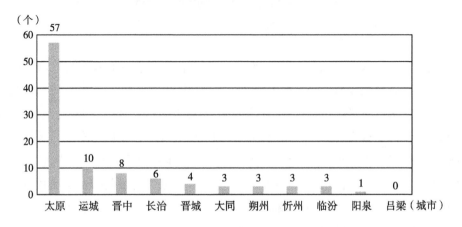

图 5-25　2019 年山西省各地市与境内高等学校开展协同创新企业数量

资料来源：《中国火炬统计年鉴》及火炬统计调查。

根据图 5-25 数据分析得出，高新技术企业与高等学校开展协同创新情况整体表现较差，其中开展协同创新的企业数量占比均不足 10%，应注意不断加强和提高企业协同创新的能力。

（2）开展科技活动费用情况。2019 年山西省高新技术企业与境内高等学校开展科技活动费用累计 47222.22 千元，太原市最高为 24145.03 千元，约占全部经费的一半以上；其次是长治市和临汾市，两地市之间相差不大，两者之和约占全部经费的 24.57%。需要特别指出的是吕梁市与境内高等学校开展科技活动费用为 0 元，如图 5-26 所示。

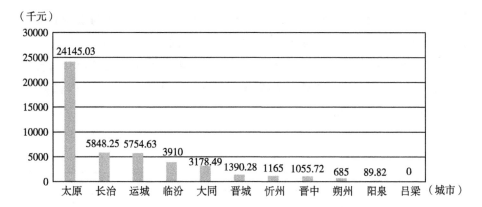

图 5-26 2019 年山西省各地市与境内高等学校开展科技活动费用情况

资料来源:《中国火炬统计年鉴》及火炬统计调查。

3. 与境内企业协同创新情况

(1)协同创新企业数量。2019 年与境内企业开展协同创新的高新技术企业累计 209 家,其中约 68.42%的企业集中在太原市(143 家),其他地市开展协同创新的高新技术企业数量均较少,阳泉市最少,仅有 1 家,从以上数据可以看出山西省高新技术企业与其他企业之间开展协同创新的力度还不足,太原市最多也仅占太原全部高新技术企业的 8.87%,因此应不断引导和加强企业之间的交流与合作,如图 5-27 所示。

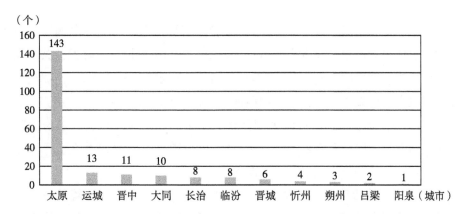

图 5-27 2019 年山西省各地市与境内企业开展协同创新企业数量

资料来源:《中国火炬统计年鉴》及火炬统计调查。

（2）开展科技活动费用情况。2019 年山西省高新技术企业与境内企业开展科技活动费用累计 506760.48 千元，太原市保持最高 173368.38 千元，占比 34.21%，排在前三位的还有大同市和运城市，三者开展科技活动经费合计占全部经费的 83.51%，排在最后的是阳泉市，仅为 71.9 千元，占全部经费的 0.01%，如图 5-28 所示。

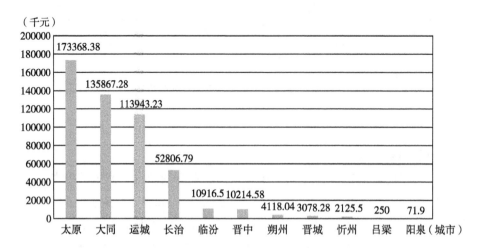

图 5-28 2019 年山西省各地市与境内企业开展科技活动费用情况

资料来源：《中国火炬统计年鉴》及火炬统计调查。

4. 与境外机构协同创新情况

（1）协同创新企业数量。2019 年山西省高新技术企业与境外机构开展协同创新情况整体表现不足，仅有太原市、运城市、大同市、长治市等累计共 8 家企业与境外机构开展协同创新合作，分别是山西柯立沃特环保科技股份有限公司、太原重工轨道交通设备有限公司、山西锦波生物医药股份有限公司、亚宝药业太原制药有限公司、中国重汽集团大同齿轮有限公司、山西振东制药股份有限公司、亚宝药业集团股份有限公司、中车永济电机有限公司，从这些企业可看出大多是生物与新医药和先进制造业，如图 5-29 所示。

（2）开展科技活动费用情况。2019 年山西省高新技术企业与境外机构开展科技活动费用整体较低，累计金额仅为 16747.84 千元，其中最多的是长治市 8327.11 千元，占全部费用的 49.72%，运城市、太原市、大同市均有产生与境外机构开展科技活动费用，但金额不大，剩余地市与境外机构开展科技活动经费为 0，如图 5-30 所示。

（个）

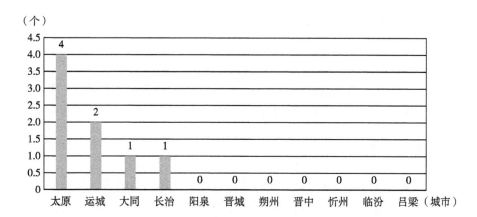

图 5-29　2019 年山西省各地市与境外机构开展协同创新企业数量
资料来源：《中国火炬统计年鉴》及火炬统计调查。

（千元）

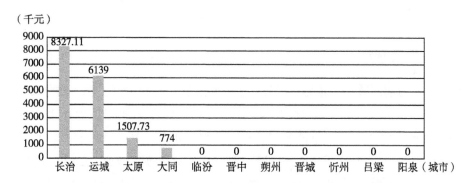

图 5-30　2019 年山西省各地市与境外机构开展科技活动费用情况
资料来源：《中国火炬统计年鉴》及火炬统计调查。

　　通过对以上协同创新的现状分析可以看出，山西高新技术企业与境内研究机构、与境内高等学校协同创新的企业数量不足 100 家，分别占高新技术企业总量的 2.8% 和 3.9%，与境内企业的协同创新相对较好，占高新技术企业总量的 8.4%；与境外机构的协同创新严重不足，仅有 8 家企业与境外机构开展科技合作往来。协同创新现状十分不利于打造产学研融合的创新生态。

第四节 创新生态环境子系统现状

创新生态环境子系统也是创新生态系统不可或缺的重要组成部分，主要包括基础环境、经济环境和生态环境三部分。

一、基础环境

基础环境包括基础设施建设、知识公共设施、城市人口密度、科技信息交流等，反映了一个地区的社会经济发展程度及精神生活水平，是经济能否持续长期稳定发展的基础。以公共文化服务基础设施为例，2019 年，山西省共有文化馆130 个，文化站 1409 个（其中，乡镇综合文化站 1196 个），公共图书馆 128 个。这表明山西省近年来知识文化环境有了较为明显的改善和优化，公共文化服务体系建设上了一个新台阶。

二、经济环境

山西作为能源重化工基地，经过几十年的发展，已经形成了较为健全的工业生产体系，经济获得了长足发展。2019 年，规模以上工业增加值比上年增长5.3%。新能源汽车产业、节能环保产业、新材料产业、新一代信息技术产业分别增长 61.6%、12.1%、9.8%、5.9%。地区生产总值逐年增加，已经从 2016 年的 11946.6 亿元增长到 2019 年的 17026.68 亿元。全年全省城镇居民人均可支配收入 33262 元，增长 7.2%，农村居民人均可支配收入 12902 元，增长 9.8%。然而，和全国相比，2019 年，山西人均 GDP 在全国 31 个省级行政区中排名第 21位，处于下游水平。如图 5-31 所示。

可以看出，山西省经济总量一直呈现增长态势，战略性新兴产业布局进一步优化，部分产业出现了良好的发展趋势，这都说明总体山西省经济环境的改善。但横向与全国对比，山西省地区生产总值仅处于全国第 21 位，经济环境相较于东部地区还比较落后，经济环境的相对落后使山西省在人才引进、筹资融资等方面都处于不利地位。

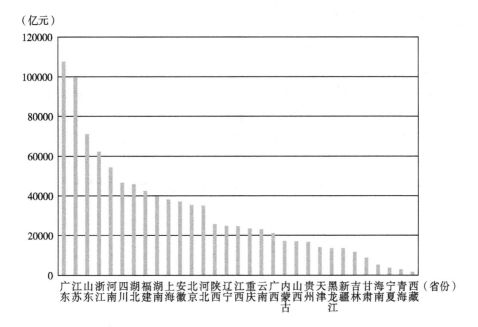

图 5-31　2019 年全国各省级行政区地区生产总值对比

资料来源：《中国经济统计年鉴》。

三、生态环境

山西贯彻中央生态优先、绿色发展的新理念，针对部分地区环境污染的突出问题，进一步加大环境治理投入，促进自然生态环境的改善，取得了一定的成果。从山西省生态环境厅每年发布的《山西省生态环境状况公报》来看，2019年，大气环境、水环境质量持续向好。2019 年 4 月发布《山西省人民政府关于坚决打赢汾河流域治理攻坚战的决定》，向全省发出全面消除劣Ⅴ类断面、彻底整治汾河水污染的总攻令，汾河流域治理取得阶段性成果。全省开展排污大整治"百日清零"专项行动，采取年度目标责任考核、污染定点督查、重污染地区警示等措施加大环境整治力度。针对全省环境状况，将焦化、钢铁、煤化工、有色金属冶炼、洗煤等重污染项目的环评审批权限调整为省级审批，严格环境准入。安排部署全面排污许可工作，强化环评与排污许可制度衔接，严厉打击无证排污和不按证排污的违法行为，生态文明取得一定成效。

然而，山西是全国生态环境极其脆弱地区以及空气污染最严重的区域，2019

年，全省生态环境污染严重的态势仍未得到根本扭转。产业结构、能源结构不合理、资源约束趋紧、区域环境承载力严重超载现象短期内很难发生根本好转，生态环境保护工作任重道远。

总体来看，随着山西省政府出台一系列创新生态政策，山西创新生态环境子系统较过去相比逐年改善，主要表现为基础环境、经济环境和生态环境的进一步优化。然而，山西创新生态环境基础仍然薄弱，仍和其他地区存在不小的差距。山西要构建一流创新生态，必须立足现有产业基础及区域优势，促进新基建发展，催生新产业、新业态和新模式，切实提升产业创新能力和竞争力。

第六章 山西创新生态系统
运行机制及评价

中国要建设世界科技强国，提升国际生态竞争力，必须立足于科技创新生态系统观，集聚创新资源，建设一流生态制度。《"十三五"国家科技创新规划》和《国家创新驱动发展战略纲要》等多项政策制度的落实促进了创新体系向创新生态系统的转变和发展，全国范围内创新生态系统（创新3.0）呈现了良好的发展态势。然而，各省域之间仍存在创新禀赋与创新水平参差不齐、创新要素匮乏、系统协调水平低的问题，部分地区甚至出现系统间反向抑制现象，严重制约着创新生态系统的协调发展（张爱琴，2021）。因此，迫切需要构建一套能够全方位反映地区创新活动水平的多维指标体系，开展对子系统功能间彼此促进或制约程度的规范性判断，测度省域创新生态系统耦合协调发展水平，明确所属耦合协调阶段，更有利于找准发展短板，强化创新驱动力，从而缩小地区差别，促进经济协调发展。

第一节 创新生态系统耦合协调机制

在对现有文献分析的基础上，基于创新活动动态视角将创新生态系统划分为创新运作、创新研发、创新支持、创新环境四个子系统。在创新生态系统的协同创新体制中，各子系统在创新生态系统建设中发挥各自不同的作用。创新生态四个子系统之间形成相互作用、互动演化的耦合协调机制。

创新运作子系统中的企业为高校和科研机构提供技术创新需求，同时从高校和科研机构吸收优秀的创新人才和先进的科学技术。通过产学研有效合作、政府和中介机构的政策帮扶，产生经济效益和社会效益。除去小规模的部分企业，能引领科技创新前沿，带动相关产业运作的企业主要集中在规模以上工业企业和高新技术企业两大类。

创新研发子系统中的高校和研发机构源源不断地向系统输出创新人才和科学技术，形成知识溢出，另外通过发表科技论文、出版专著和申请专利等科技产出为企业创新提供技术与智力支持。

创新支持子系统中，政府作为国家创新生态系统构建的宏观调控主体，对创新生态各子系统协调运作提供有力的支撑作用。中介和科技孵化器为创新提供信息服务，是创新生态打造不可或缺的力量。

创新环境子系统中，基础设施建设反映地区社会发展程度，城市人口密度和科技信息交流影响创新发展的密度与强度，经济发展水平为创新生态系统研发提供大量创新需求和充沛的资金供给；和谐的生态环境会加速科技创新，相反资源匮乏、环境恶化也会倒逼企业改变创新发展的方向，以适应生态需求。创新生态系统耦合协调机制如图 6-1 所示。

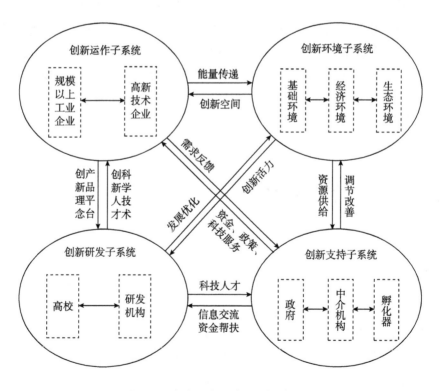

图 6-1 创新生态系统耦合协调机制

第二节　创新生态系统评价体系构建

为了解中国乃至各区域创新生态系统的耦合协调水平，本书基于创新活动动态视角将创新生态系统划分为创新运作子系统、创新研发子系统、创新支持子系统和创新环境子系统四个部分，构建了包括 10 个一级指标、37 个二级指标的创新生态系统体系框架，运用耦合协调模型研究各子系统之间的相互作用程度和协调发展水平，并进一步开展了空间可视化分析，有利于当前我国各级政府把握省域创新生态系统耦合协调发展现状，精准施策，为区域协同和转型发展提供决策依据。

一、指标体系构建

创新生态系统作为一个复杂巨系统，涵盖不同的创新主体，各创新主体之间关联性较强，且不同主体之间及创新主体与创新环境之间互动联系构成一个有机整体。对创新生态系统的评价是对创新生态系统内部各创新主体、构成要素以及创新环境之间互动发展的合理评估、有效判断和科学归类过程。

创新生态系统评价指标体系共包括创新运作、研发、支持、环境四个子系统下的共 10 个一级指标、37 个二级指标。其中创新运作子系统包括规模以上工业企业和高新技术企业两方面 9 个二级指标，刻画企业运作的创新效率；创新研发子系统包括高校和研究与开发机构两方面 10 个二级指标，描述研发系统的创新能力；创新支持子系统包括科技企业孵化器、科技中介平台和政府三方面 9 个二级指标，体现外界资金、政策等对企业创新运作的支持和驱动作用；创新环境子系统包括基础环境、经济环境和生态环境三方面 9 个二级指标，描述创新生态系统的经济发展水平和外界宏观环境。创新生态系统评价指标体系具体如表 6-1 所示。

表6-1 创新生态系统评价指标体系

子系统		一级指标	二级指标	单位
创新生态系统	创新运作子系统	规模以上工业企业	R&D 人员全时当量	万人/年
			R&D 经费投入	亿元
			有效发明专利数	件
			新产品销售收入	亿元
		高新技术企业	企业个数	个
			科技活动人员	万人/年
			R&D 经费内部投入	亿元
			出口总额	亿美元
			产品销售收入	亿元
	创新研发子系统	高校	高等学校数量	所
			专任教师数量	万人
			R&D 人员全时当量	万人/年
			发明专利授权数	件
			发表科技论文数	篇
		研究与开发机构	机构数量	个
			R&D 人员全时当量	万人/年
			R&D 课题数	项
			发明专利授权数	件
			R&D 经费支出	亿元
	创新支持子系统	科技企业孵化器	科技孵化器数量	个
			在孵企业从业人员	万人
			在孵企业总收入	亿元

续表

	子系统	一级指标	二级指标	单位
	创新支持子系统	科技中介平台	为企业增加销售额	亿元
			为社会增加就业	万人
			增加利税	亿元
		政府	规模以上企业 R&D 经费中政府资金	亿元
			研发机构 R&D 经费中政府资金	亿元
			高等学校 R&D 经费中政府资金	亿元
创新生态系统	创新环境子系统	基础环境	人均城市道路面积	平方米
			公共图书馆数量	个
			科协机构数	个
		经济环境	GDP 总额	亿元
			人均 GDP	元
			居民人均可支配收入	元
		生态环境	城市污水日处理能力	万立方米
			森林覆盖率	%
			人均公园绿地面积	平方米

二、数据来源及处理

选取我国 31 个省份 2009~2018 年 10 年数据作为研究对象，所有数据均来源于历年《中国统计年鉴》《中国科技统计年鉴》和《中国火炬统计年鉴》。考虑到各指标数据之间的单位量纲不同，首先对数据进行标准化处理，同时鉴于在后期计算过程中，数据取对数时不能为负，即需将数据进行非负化处理，为保证数据的真实性，整体向右平移 0.001 个单位，此为统计学中常用方法。文中采用极差最大化法进行标准化处理，具体计算公式如式（6-1）、式（6-2）所示。

$$y_{ij} = \frac{x_{ij} - \min x_{ij}}{\max x_{ij} - \min x_{ij}} + 0.001 \qquad (6-1)$$

$$y_{ij} = \frac{\max x_{ij} - x_{ij}}{\max x_{ij} - \min x_{ij}} + 0.001 \qquad (6-2)$$

正向指标采用式（6-1）进行处理，负向指标采用式（6-2）进行处理。

第三节 我国创新生态系统耦合协调性评价

一、创新生态系统耦合协调模型构建

1. 耦合度模型

耦合原指物理学中两个或两个以上电路之间传输能量的关联与配合，后逐渐用来形容两个或两个以上系统之间相互影响、相互作用的程度，为更好地研究我国创新生态系统之间的耦合协调性，结合实际需要构建四个系统之间的耦合度模型，具体如式（6-3）所示：

$$C = \left\{ \frac{U_1 \times U_2 \times U_3 \times U_4}{\left[\frac{U_1 + U_2 + U_3 + U_4}{4} \right]^4} \right\}^{\frac{1}{4}} = \frac{4 \sqrt[4]{U_1 \times U_2 \times U_3 \times U_4}}{U_1 + U_2 + U_3 + U_4} \qquad (6-3)$$

其中，式中的 C 为耦合度，C 值越大，系统之间的耦合度越高，当 C 值为 1 时，表示系统内部各子系统之间处于高度有序发展。U_i 分别指创新运作子系统、创新研发子系统、创新支持子系统和创新环境子系统之间的综合发展水平指数。

2. 综合发展水平指数

根据耦合度模型可知，系统的耦合度大小与各子系统之间的综合发展水平指数有关，综合发展水平指数 U_i 能有效反映各子系统的发展水平及相对发展程度，体现系统内指标对于系统整体功能的贡献程度，在测算 U_i 之前，首先选用客观性较强的熵权法对各项指标进行赋权重，具体如式（6-4）所示：

（1）指标同度量化处理。

$$p_{ij} = y_{ij} \Big/ \sum_{i}^{n} y_{ij} \quad (i = 1, 2, \cdots, n; \ j = 1, 2, \cdots, m) \qquad (6-4)$$

其中，n 为年份个数，m 为指标个数。

（2）计算第 j 个指标的熵值。

$$e_j = -k \sum_{i=1}^{n} p_{ij} \ln(p_{ij}) \tag{6-5}$$

其中，k = 1/ln（n）。

（3）计算第 j 个指标的差异化系数。

$$g_i = 1 - e_j \tag{6-6}$$

（4）计算第 j 个指标的权重。

$$w_j = g_j / \sum_{j=1}^{m} g_j (j = 1, 2, \cdots, m) \tag{6-7}$$

（5）计算综合发展水平指数。

$$U_i = \sum_{j=1}^{n} y_{ij} w_{ij} \tag{6-8}$$

3. 创新生态系统耦合协调性模型

耦合度模型可以反映各系统之间的耦合作用程度，但当多个系统之间发展水平同时偏高或偏低时，也会表现出整体耦合度高的现象，存在一定弊端，因此引入更为科学严谨的耦合协调度模型进一步测算系统之间的协同创新程度。

$$D = (C \times T)^{1/2} \tag{6-9}$$

$$\begin{cases} T = \alpha U_1 + \beta U_2 + \chi U_3 + \delta U_4 \\ \alpha + \beta + \chi + \delta = 1 \end{cases} \tag{6-10}$$

其中，D 表示创新生态系统耦合协调度，T 表示各子系统综合发展水平指数对整体协调度的综合影响程度，α、β、χ、δ 为待定系数，创新生态四个子系统设为同等重要，即 α = β = χ = δ = 0.25。

目前学界对于耦合协调度的划分尚无统一界定，借鉴学者划分标准的基础上，将创新生态系统耦合协调度划分为八个等级，如表 6-2 所示：

表 6-2　创新生态系统耦合协调等级划分

耦合协调度	耦合协调等级	耦合协调度	耦合协调等级
0 < D ≤ 0.1	极度失调	0.4 < D ≤ 0.5	轻度协调
0.1 < D ≤ 0.2	严重失调	0.5 < D ≤ 0.6	良性协调
0.2 < D ≤ 0.3	濒临失调	0.6 < D ≤ 0.8	高度协调
0.3 < D ≤ 0.4	初级协调	0.8 < D ≤ 1	优质协调

同时根据各子系统综合发展水平指数，将创新生态系统耦合协调发展划分为创新运作滞后型、创新研发滞后型、创新支持滞后型、创新环境滞后型四种类型，分别用 U_1、U_2、U_3、U_4 表示（见表6-3）。

表6-3 创新生态系统耦合协调发展类型

U_1、U_2、U_3、U_4 关系	耦合协调发展类型	符号
$U_2 \geq U_1$，$U_3 \geq U_1$，$U_4 \geq U_1$	创新运作滞后型	Ⅰ
$U_1 \geq U_2$，$U_3 \geq U_2$，$U_4 \geq U_2$	创新研发滞后型	Ⅱ
$U_1 \geq U_3$，$U_2 \geq U_3$，$U_4 \geq U_3$	创新支持滞后型	Ⅲ
$U_1 \geq U_4$，$U_2 \geq U_4$，$U_3 \geq U_4$	创新环境滞后型	Ⅳ

二、我国创新生态系统耦合协调实证分析

1. 综合发展水平分析

对创新生态各子系统综合发展水平指数进行测算，能有效分析不同系统之间的发展现状及对系统耦合协调性的贡献程度，同时还能比较各系统间的相对发展水平。通过数据模型构建，得到2009~2018年我国创新生态各子系统的综合发展水平指数，如表6-4所示。

表6-4 2009~2018年创新生态各子系统综合发展水平指数

年份	U_1	U_2	U_3	U_4
2009	0.002	0.012	0.017	0.007
2010	0.019	0.036	0.032	0.028
2011	0.054	0.061	0.058	0.050
2012	0.077	0.090	0.088	0.076
2013	0.102	0.112	0.132	0.114
2014	0.122	0.134	0.115	0.138
2015	0.139	0.168	0.120	0.152
2016	0.174	0.188	0.126	0.166

续表

年份	U_1	U_2	U_3	U_4
2017	0.214	0.217	0.152	0.167
2018	0.258	0.233	0.182	0.231

　　根据表6-4，尽管创新生态各子系统综合发展水平指数总体处于较低水平，但纵向随着时间的推移，呈现出明显上升趋势。其中创新运作子系统从2009年的0.002上升为2018年的0.258，增长0.256，上升幅度最大；创新支持子系统从2009年的0.017上升为2018年的0.182，增长0.165，增长幅度最慢。从各子系统相对发展程度比较（见图6-2），短期波动特征明显。其中创新运作子系统在2009年、2010年和2013年相对滞后，但到了2018年综合发展水平跃居前列；创新研发子系统在2010~2012年和2015~2017年发展水平领先；创新支持子系统2014年后表现相对较弱；创新环境子系统在2011年、2012年发展相对较弱，2013年有所改善。由此观之，创新生态子系统综合发展水平处于总体不断上升但局部不稳定状态。创新运作子系统相对发展势头足、上升速度快；而创新支持子系统发展相对迟缓。说明我国现阶段对创新的政策扶持、中介机构配套服务等各类驱动性力量打造方面仍不能满足创新运作的需求。

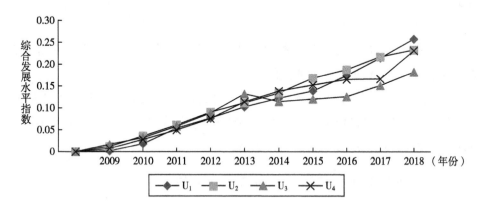

图6-2　2009~2018年创新生态各子系统发展水平趋势

2. 耦合协调性分析

通过构建的耦合协调度模型对我国2009~2018年创新生态系统相关数据进

行计算，得到创新生态系统耦合协调度相关数值如表 6-5 所示。

表 6-5 2009~2018 年创新生态系统耦合协调度

年份	耦合协调指数 T	耦合协调值 D	耦合协调等级
2009	0.009	0.083	极度失调
2010	0.028	0.166	严重失调
2011	0.056	0.235	濒临失调
2012	0.083	0.287	濒临失调
2013	0.115	0.338	初级协调
2014	0.127	0.356	初级协调
2015	0.145	0.379	初级协调
2016	0.163	0.402	轻度协调
2017	0.187	0.430	轻度协调
2018	0.226	0.474	轻度协调

由表 6-5 可知，我国创新生态系统耦合协调度呈现稳定上升趋势，由 2009 年的极度失调状态逐年改善为轻度协调状态，但整体耦合协调度仍较低，处于协调发展初级阶段。2013 年耦合协调值超过 0.338，达到初级协调状态，2016 年达到轻度协调状态。在分析耦合协调发展过程中，发现创新运作子系统综合发展水平趋势和创新生态系统耦合协调发展趋势基本保持一致，且随着创新运作子系统综合发展水平的迅速提升，系统耦合协调性也不断上升，说明创新运作子系统对系统整体耦合协调性的提升起明显的促进作用。

综上所述，我国创新生态系统到目前为止还处于发展相对较弱的失调状态，创新运作子系统即规模以上工业企业和高新技术企业的科技创新发展在创新生态系统耦合协调性中发挥着至关重要的作用。

三、我国创新生态系统耦合协调空间分析

为更加清晰、直观地反映当前我国省域创新生态系统耦合协调发展情况，选取 2018 年全国 31 个省份数据分析不同省份的耦合协调等级及协调发展类型。结果如表 6-6 所示。

表 6-6　2018 年我国各省份创新生态系统耦合协调发展

省份	耦合协调值 D	耦合协调等级	协调发展类型
北京	0.313	初级协调	IV
天津	0.178	严重失调	II
河北	0.204	濒临失调	II
山西	0.132	严重失调	III
内蒙古	0.129	严重失调	I
辽宁	0.206	濒临失调	I
吉林	0.141	严重失调	I
黑龙江	0.145	严重失调	I
上海	0.263	濒临失调	IV
江苏	0.371	初级协调	IV
浙江	0.278	濒临失调	II
安徽	0.214	濒临失调	IV
福建	0.197	严重失调	III
江西	0.178	严重失调	II
山东	0.270	濒临失调	III
河南	0.236	濒临失调	IV
湖北	0.252	濒临失调	IV
湖南	0.203	濒临失调	III
广东	0.366	初级协调	IV
广西	0.143	严重失调	III
海南	0.067	极度失调	I
重庆	0.163	严重失调	III
四川	0.233	濒临失调	I
贵州	0.122	严重失调	I
云南	0.133	严重失调	I

续表

省份	耦合协调值 D	耦合协调等级	协调发展类型
西藏	0.030	极度失调	Ⅲ
陕西	0.207	濒临失调	Ⅰ
甘肃	0.110	严重失调	Ⅰ
青海	0.056	极度失调	Ⅰ
宁夏	0.074	极度失调	Ⅰ
新疆	0.099	极度失调	Ⅰ

进一步应用 ArcGIS 软件对我国 31 个省份的创新生态系统耦合协调发展程度进行空间可视化分析可知，我国各省创新生态系统耦合协调发展区域差距明显，整体呈现东高西低、沿海好于内陆的现状。

北京、江苏、广东三个省份协调状态表现最好。三个省份经济发展水平高，拥有大量的创新企业巨头和科技孵化基地，形成诸如华为、阿里巴巴和腾讯等一批先进的科技企业实验室，同时拥有丰富的高校资源，仅北京就聚集了全国 50%以上的科研院所。扎实的创新基础和良好的创新环境促成该地区创新生态系统协调发展水平领先全国。

浙江、上海、山东、河北、辽宁、安徽、河南、湖北、湖南、四川、陕西11 个省份处于濒临失调状态。其中，安徽、河南、湖北属于创新环境滞后型；辽宁、四川、陕西属于创新运作滞后型；河北、浙江属于创新研发滞后型；山东、湖南属于创新支持滞后型。

天津、山西、内蒙古、吉林、黑龙江、福建、江西、广西、重庆、贵州、云南、甘肃12 个省份处于严重失调状态。从综合发展水平指数来看，内蒙古、吉林、黑龙江等六省属于创新运作滞后型，与该地区典型的资源依赖型经济背景导致的产业结构不合理不无关系。山西、福建、广西、重庆四省属于创新支持滞后型，主要表现在企业科技创新能力不强和政府及社会的扶持力度不足，这可能由于这些省份大多处于内陆地区，地理位置和政策环境较为落后、创新意识薄弱、政府重视程度不够、研发投入不足等问题造成了该地区科技创新发展能力较弱。

新疆、宁夏、海南、青海、西藏 5 个省份创新生态系统耦合协调值较低，属于极度失调等级。其中，西藏属于创新支持滞后型，其他省份为创新运作滞后型。五省份产业结构以传统农牧业和重工业为主，第三产业比重低，工业产业根基薄弱，缺乏足够的优势产业支撑。

第四节　山西创新生态系统竞争力评价

对创新生态系统科学正确的评价有助于促进山西经济健康可持续发展，本部分运用熵值 TOPSIS 法和线性加权综合法对山西创新生态系统竞争力进行系统评价和分析。TOPSIS 评价方法是 Hwang 等提出的一种优秀的评价方法，它根据评价对象到正理想解与负理想解之间的相对距离来进行评价，具有系统性强、数学意义明确、方法简捷的优点（张爱琴，2018）。通过两种方法的结合以期准确把握现状，认清发展差距，为山西经济转型发展提供决策参考。

竞争力的概念最早源自达尔文在生物进化论中提到的竞争，认为竞争促进了自然界中不同种族间的演化发展，具有绝对优势的物种才能获取资源并更好生存和繁衍下去。随后，竞争力的概念逐渐延伸至经济学和管理学中。通过梳理相关文献（孔伟等，2019；张利飞等，2014；任大帅和朱斌，2018），认为创新生态系统竞争力是指系统中不同创新主体之间相互竞争从而获取生存所需要的资源和环境，竞争力弱的企业面临破产淘汰，而竞争力强的企业逐渐适应并不断发展壮大，通过彼此竞争，企业不断优化自身功能结构，提升适应环境的生存和发展能力。因此，合理评价山西创新生态系统竞争力，有助于促进山西创新生态系统的健康稳定，推动区域产业经济转型发展。

一、构建熵值 TOPSIS 模型

（1）构建原始数据：

$$A = \begin{pmatrix} y_{11} & \cdots & y_{1n} \\ \vdots & \ddots & \vdots \\ y_{m1} & \cdots & y_{mn} \end{pmatrix} \tag{6-11}$$

（2）计算第 j 项指标下第 i 个决策单元指标值的比重，得到标准化矩阵：

$$P_{ij} = \frac{y_{ij}}{\sum\limits_{i=1}^{m} y_{ij}}, \quad i = 1, 2, \cdots, m; \quad j = 1, 2, \cdots, n \qquad (6-12)$$

（3）计算第 j 项指标的信息熵 H_j 及差异性系数 G_j 分别为：

$$H_j = -\frac{1}{\ln m} \sum\limits_{i=1}^{m} p_{ij} \ln p_{ij}, \quad j = 1, 2, \cdots, n \qquad (6-13)$$

$$G_j = 1 - H_j, \quad j = 1, 2, \cdots, n \qquad (6-14)$$

（4）计算第 j 项指标的信息熵权重 W_j：

$$W_j = \frac{G_j}{\sum\limits_{j=1}^{n} G_j} = \frac{1 - H_j}{n - \sum\limits_{j=1}^{n} H_j}, \quad j = 1, 2, \cdots, n \qquad (6-15)$$

（5）分别以标准化矩阵各指标的最大值和最小值表示正理想解 Y^+ 和负理想解 Y^-：

$$Y^+ = \max(p_{i1}, p_{i2}, \cdots, p_{in}) \qquad (6-16)$$

$$Y^- = \min(p_{i1}, p_{i2}, \cdots, p_{in}) \qquad (6-17)$$

（6）计算加权欧式距离：

$$d_i^+ = \sqrt{\sum\limits_{j=1}^{n} w_j (y_{ij} - y_j^+)^2} \qquad (6-18)$$

$$d_i^- = \sqrt{\sum\limits_{j=1}^{n} w_j (y_{ij} - y_j^-)^2} \qquad (6-19)$$

（7）计算各决策单元的贴近系数 C_i：

$$C_i = \frac{d_i^-}{d_i^+ + d_i^-} \qquad (6-20)$$

其中，C_i 作为衡量各评价对象状态与最优状态的接近程度，值越大，表示评价对象越优；反之，评价对象越劣。

二、创新生态系统竞争力实证分析

将全国 31 个省份 2018 年数据通过构建的熵值 TOPSIS 模型进行计算，从而得出山西省创新生态系统竞争力水平，以及在全国 31 个省份中的相对位置，计算结果如下。

将数据代入熵值模型中可以计算出各指标的权重，计算结果如表 6-7 所示。

表 6-7　创新生态系统评价指标权重计算结果

子系统	一级指标	二级指标	熵值 H	权重 W	一级指标权重	分指标权重
创新生态系统	创新运作子系统	规模以上工业企业	R&D 人员全时当量	0.784	0.037	0.147	0.341
			R&D 经费投入	0.819	0.031		
			有效发明专利数	0.751	0.043		
			新产品销售收入	0.796	0.035		
		高新技术企业	企业个数	0.790	0.036	0.194	
			科技活动人员	0.784	0.037		
			R&D 经费内部投入	0.784	0.038		
			出口总额	0.693	0.053		
			产品销售收入	0.831	0.029		
	创新研发子系统	高校	高等学校数量	0.952	0.008	0.076	0.217
			专任教师数量	0.938	0.011		
			R&D 人员全时当量	0.921	0.014		
			发明专利授权数	0.845	0.027		
			发表科技论文数	0.908	0.016		
		研究与开发机构	机构数量	0.923	0.013	0.142	
			R&D 人员全时当量	0.819	0.031		
			R&D 课题数	0.929	0.012		
			有效发明专利数	0.767	0.040		
			R&D 经费支出	0.745	0.044		
	创新支持子系统	科技企业孵化器	科技孵化器数量	0.838	0.028	0.086	0.324
			在孵企业从业人员	0.855	0.025		
			在孵企业总收入	0.808	0.033		
		科技中介平台	为企业增加销售额	0.711	0.050	0.145	
			为社会增加就业	0.740	0.045		
			增加利税	0.714	0.050		
		政府	规模以上企业 R&D 经费中政府资金	0.866	0.023	0.093	
			研发机构 R&D 经费中政府资金	0.736	0.046		
			高等学校 R&D 经费中政府资金	0.863	0.024		

续表

子系统		一级指标	二级指标	熵值 H	权重 W	一级指标权重	分指标权重
创新生态系统	创新环境子系统	基础环境	人均城市道路面积	0.974	0.004	0.027	0.118
			公共图书馆数量	0.932	0.012		
			科协机构数	0.939	0.011		
		经济环境	GDP 总额	0.907	0.016	0.053	
			人均 GDP	0.909	0.016		
			居民人均可支配收入	0.878	0.021		
		生态环境	城市污水日处理能力	0.898	0.018	0.038	
			森林覆盖率	0.934	0.011		
			人均公园绿地面积	0.950	0.009		

通过构建的熵值 TOPSIS 模型计算山西创新生态系统竞争力以及在全国中的相对排名，分析过程分别从创新运作子系统、创新研发子系统、创新支持子系统、创新环境子系统和综合值五方面进行评价和排名，计算结果如表 6-8 所示。

表 6-8　2018 年山西创新生态系统竞争力及在全国中的排名

省份	综合值		创新运作子系统		创新研发子系统		创新支持子系统		创新环境子系统	
	IEC_j	排序	IEC_j	排序	IEC_j	排序	IEC_j	排序	IEC_j	排序
广东	0.642	1	0.341	1	0.087	4	0.130	2	0.084	1
江苏	0.607	2	0.208	2	0.108	2	0.218	1	0.073	2
北京	0.441	3	0.064	6	0.204	1	0.107	4	0.066	4
浙江	0.330	4	0.137	3	0.059	9	0.065	7	0.068	3
山东	0.297	5	0.099	4	0.074	6	0.061	9	0.062	5
上海	0.281	6	0.071	5	0.089	3	0.065	8	0.056	6
湖北	0.264	7	0.058	7	0.059	8	0.099	5	0.048	8
河南	0.252	8	0.041	10	0.047	10	0.124	3	0.040	14
四川	0.229	9	0.034	13	0.078	5	0.073	6	0.044	9
安徽	0.184	10	0.052	8	0.040	13	0.053	12	0.039	15
陕西	0.184	11	0.025	18	0.067	7	0.057	10	0.035	18
辽宁	0.175	12	0.029	16	0.045	12	0.057	11	0.044	10
河北	0.168	13	0.039	11	0.036	16	0.052	13	0.041	12

续表

省份	综合值		创新运作子系统		创新研发子系统		创新支持子系统		创新环境子系统	
	IEC_j	排序	IEC_j	排序	IEC_j	排序	IEC_j	排序	IEC_j	排序
湖南	0.166	14	0.048	9	0.046	11	0.032	15	0.041	13
福建	0.159	15	0.038	12	0.036	15	0.030	17	0.055	7
江西	0.127	16	0.032	15	0.027	23	0.032	16	0.036	17
天津	0.127	17	0.032	14	0.030	20	0.033	14	0.033	20
重庆	0.111	18	0.027	17	0.033	17	0.017	20	0.034	19
黑龙江	0.100	19	0.007	24	0.040	14	0.024	19	0.029	23
吉林	0.093	20	0.007	25	0.031	19	0.026	18	0.030	22
广西	0.092	21	0.012	20	0.031	18	0.012	24	0.037	16
云南	0.081	22	0.010	21	0.029	21	0.011	25	0.031	21
内蒙古	0.081	23	0.008	22	0.015	27	0.014	22	0.044	11
山西	0.076	24	0.013	19	0.028	22	0.011	26	0.025	26
贵州	0.067	25	0.007	23	0.019	25	0.012	23	0.028	24
甘肃	0.056	26	0.004	26	0.020	24	0.014	21	0.020	29
新疆	0.051	27	0.004	27	0.016	26	0.006	27	0.025	27
海南	0.034	28	0.002	29	0.005	28	0.002	30	0.025	25
宁夏	0.033	29	0.003	28	0.005	29	0.003	29	0.022	28
青海	0.019	30	0.001	30	0.002	30	0.004	28	0.012	30
西藏	0.010	31	0.000	31	0.001	31	0.000	31	0.009	31
综合值	0.179	—	0.047	—	0.045	—	0.047	—	0.040	—

从表6-8中可以看出，山西创新生态系统竞争力指数仅为0.076，低于全国创新生态系统竞争力平均水平的0.179，在全国31个省份中排名第24位，处于相对靠后的位置，排在第一位的是广东省为0.642，山西与之相差0.566，差距较大。从创新生态四个子系统角度分析，山西省创新运作子系统竞争力得分为0.013，在全国排名第19位，相较其他三个子系统排名靠前，但仍然处于中下水平，距离全国平均水平相差0.034；创新研发子系统竞争力得分为0.028，在全国排名第22位，处于靠后位置；创新支持子系统和创新环境子系统的全国竞争力平均水平分别为0.011和0.025，远低于全国平均水平，排名均为第26位，处于落后位置。可以看出山西创新生态系统竞争力明显不足，各子系统的排名均处于靠后位置，在未来的经济转型发展过程中还面临很大压力。

第七章　山西创新生态系统构建的现实困境

近年来，尤其是 2019 年山西将创新生态打造确立为山西省经济跨越式发展的一项基础性战略性工程以来，山西在激发企业创新活力、集聚创新人才等创新生态建设方面取得了一些成绩和突破。当前，山西在贯彻落实国家创新驱动发展战略中存在着后发赶超的机遇。然而，相比于东南部发达地区，也在地理位置、创新条件、创新氛围等方面存在诸多劣势，创新生态各个子系统面临着许多的发展困境，甚至结构性的危机，需要引起高度重视。

第一节　创新生态支持子系统面临的困境

通过对创新生态支持子系统的现状分析，可以发现在创新政策支持、创新平台及投融资体系等方面创新支持子系统面临一系列困境。

一、创新生态建设处于起步期，政策体系有待完善

新时代背景下，山西对于构建创新生态系统给予了较高的重视，山西将"打造一流创新生态、培育壮大转型发展新动能"确立成为全省经济高质量转型发展的重要抓手和有力支撑。2020 年以来，山西出台了《关于加快构建山西省创新生态的指导意见》《山西省"十四五"打造一流创新生态，实施创新驱动、科教兴省、人才强省战略规划》等一系列政策措施，为科技创新政策环境的营造搭建了比较系统、连续的规范性举措框架。

但是当前山西处于经济发展转型期和换挡期，长期的资源依赖与路径锁定造成了转型速度比较缓慢的状况，在政策实施过程中有一些关键性的问题还需要不

断去构建和完善。同时，创新生态建设刚刚起步，与其他发达省份的创新生态发展水平存在较大差距，在创新制度供给、规划统筹引领与约束方面仍存在不足。

创新生态政策的具体实施效果有待深化。创新生态系统构建是一项涵盖范围广、持续时间长的系统工程，各项配套政策需要不同的部门去执行，还有些领域执行主体会存在重叠现象，要求在政策实施中责任方加强衔接、协调，决策体制和机制方面进行有效整合，进一步夯实创新政策体系的实施能力。

二、创新平台基础薄弱，发挥的支撑能力不足

科技创新平台是科技基础设施建设的重要内容，是培育和发展高新技术产业的重要载体，是科技创新体系的重要支撑，更是科技进步、社会发展、经济增长的加速器。从山西现有重点实验室、技术创新联盟、众创空间、孵化器、协同发展投资基金、研发平台等建设来看，山西省公益一类、二类和转制院所普遍缺乏创新平台，服务于科技创新的平台发挥的作用还有待加强。

以众创空间建设为例，目前山西省众创空间处于非营利状态，且享受的税收优惠政策免税金额仅为运营成本的2‰，仅有不到7%的众创空间享受到了政府给予的税收优惠政策免税金额福利。同样，有超过80%的孵化器未享受到政府的优惠政策措施。主要原因是：①政府扶持力度不够，科技创新平台建设本身耗资巨大，需要持续性投入资金，短期内难以产生经济效益，需要政策的长期引导与扶持；②经济发展缓慢，可用于平台建设的资金欠缺，限制了创新平台的发展；③大部分创新平台层次低、实力弱，未能符合享受优惠政策的条件。

山西省高端创新平台少，对产业发展的引领作用不够。以太原市为例，2019年仅有国家重点实验室4个，在中部六个省会城市中名列第5位。国家级工程技术研究中心（技术创新中心）至今未实现零的突破。76家省级重点实验室中，由企业牵头或产学研合作的占比不到20%（14家），78家省级工程技术研究中心中，由企业牵头或产学研合作，占比不到1/3（25家）。同时，通用航空产业还没有布局，新能源汽车有1家，碳基新材料、煤成气产业各有2家，对区域发展的引领支撑作用不够。

三、投融资体系发展落后，科技金融作用发挥不够

投融资体系发展滞后是山西创新生态建设的一个短板。企业、高校、科研院所等发展均需要资金支持，尤其是企业，融资难、融资贵一直是困扰小微、民营

企业的难题。通过对科技型中小企业的调查，62.12%的科技型中小企业面临的最大问题是融资难，有很大的资金缺口，风险投资缺乏。2018 年 31.5%的企业 R&D 低于 6%，当低于 6%时企业难以形成核心竞争力。在调查中发现企业选择何种融资方式的回答排在前三位的依次是：银行贷款为 60.61%、政府支持为 40.91%、个人资金为 34.85%，而排在后三位的是：风险投资为 4.55%、企业间融资为 6.06%、信用融资为 18.18%。但是在发达国家和地区中，企业考虑的融资来源前三种渠道依次是：风险投资、银行贷款、政府支持。究其原因，一方面是因为科技型中小企业缺乏足够的资本积累和资信程度，增加了筹措资金的难度；另一方面是目前信用体系建设还不够完善，信用数据库存在一定的滞后性，这使科技型中小企业的完整信息无法及时准确更新，影响金融机构对企业筹资资格的认定。

近年来，山西省推出了支持民营经济 30 条意见、23 条措施以及推进政府性融资担保机构进一步发挥作用的 19 条意见，省财政厅不仅向财政部积极争取"财政支持深化民营和小微企业金融服务综合改革试点城市"资金，还组建了省再担保集团，连续 3 年注入资本金共 10.6 亿元等。一系列政策措施促进了山西融资担保体系活力初现。但融资担保未形成规模影响，科技金融政策、金融产品总体仍供给不足，影响了科技金融作用的充分发挥。

第二节　创新生态运作子系统面临的困境

通过对创新生态运作子系统的现状分析，可以发现在企业数量与规模、企业创新能力、企业科技成果转化、产业集群发展等方面存在一些问题。

一、企业数量少、规模小，品牌效应不强

高新技术企业数量少，规模小。2019 年底，全国高新技术企业数量 22.5 万家，山西省高新技术企业仅 2494 家，占比仅为 1.1%。高新技术企业主要分布在经济基础好、科技资源相对集中、产业布局相对合理的地市和开发区。区域分布不均衡，两极分化严重，太原市及山西转型综改示范区的高新技术企业占到山西省高新技术企业的 64.6%，其他各地市高新技术企业的数量之和不到一半。从行

业分布特征分析可得航空航天和新能源与节能产业发展滞后。反映山西高新技术企业数量少，从事技术创新的企业主体力量不够，对产业高质量发展的引领性不足。

科技型中小企业数量不足、结构不优，缺乏领军型企业。2018 年，全国有13 万家企业进入全国科技型中小企业信息库，研发投入强度大多集中在 5% ~ 7%。山西科技型中小企业入库 2688 家，总体来看绝对数量较过去有显著增长，但与广东（8377 家）、北京（8276 家）、浙江（7279 家）与四川（6617 家）等地科技型中小企业相比差距悬殊。全省科技型中小企业品牌众多，但规模经济效应差、竞争能力弱。在 2019 年山西省商务厅发布《关于首批"三晋老字号"认定名单的公示》中，拥有自己品牌商标的科技型中小企业仅有山西水塔醋业股份有限公司、山西振东开元制药有限公司、新绛县大唐云雕漆艺厂、山西黄河中药有限公司四家企业。在全国范围内以"晋"著称的企业产品品牌稀少，企业规模普遍较小，缺乏行业领军型企业。

二、企业创新能力弱，中高端科技人才缺乏

一是企业创新能力弱，政府支持力度不够。2018 年全省企业内部用于科技活动的全部研究费用为 205 亿元，其中，来自政府的研究经费为 13.5 亿元。统计中只有23%的企业获得过来自政府的科研经费，剩余77%的企业从未获得过来自政府的经费。2019 年山西省 R&D 经费投入增长率从 2018 年的 18.62%下降到2019 年的 8.76%。而 2019 年全国平均的 R&D 经费投入增长率为 12.53%。相比于发达地区的企业研究与试验发展的经费投入少，科技研发投入比例低，必然导致高新技术源头萎缩。另外，尽管各级政府出台了一系列鼓励企业尤其是高技术企业进行科技开发的财税政策和信贷政策，但由于没有完全落实到位，导致企业技术创新的积极性没有充分调动起来，动力不足。

二是企业自身创新力度不够。山西省高新技术企业 2018 年用于科技活动的仪器与设备严重不足，仪器与设备投入 10.3 亿元，占全部科研经费的 5.0%。山西 2688 家科技型中小企业约有 96%的企业未建立正规的研发机构，企业研发能力弱，企业专利数量大大落后于发达地区省份，其中，Ⅰ类专利数量远小于Ⅱ类专利数量，说明科技型中小企业原始创新能力薄弱，创新动能不足，这也是制约山西省企业创新生态营造的重要因素之一。此外，山西占主导位置的资源型企业，因工业企业特别是资源型企业创新投入严重不足，不仅会影响到企业的自主

创新能力和核心竞争力，甚至还会在很大程度上制约企业基于技术创新的提质增效行动，不利于资源型企业解决长期困扰它们的诸如环境污染、资源无法高效循环利用等顽疾。

三是缺乏中高端科技人才。近几年山西省科技人员的素质虽有明显提高，但与高新技术产业发展的需求相比还有一定缺口，特别是具有较高创新能力且在某个领域具有带头作用的科技人才更是稀缺。山西省高新技术企业中硕士占比为 2.8%，博士占比为 0.17%。在人才分布方面也存在结构不合理的情况，非国有企业人才严重缺乏。企业对员工的培训力度小也是导致山西省高新技术人才缺乏的重要原因。伴随着经济开放的不断加深，企业面临的竞争压力也逐渐加大，人才尤其是中高端科技人才已成为企业重要的战略资源。通过问卷调查的结果可知，科技型企业相比对人才的吸引力不占优势，对高端人才的引进难度大，现有研发人员容易被高薪挖走，加上薪酬配套不足等因素，导致不容易培养一支稳定且较成熟的研发设计队伍，不利于企业的持续创新。此外，人才信息沟通不及时，员工培训成本高也是人才开发遇到的问题，如图 7-1 所示。

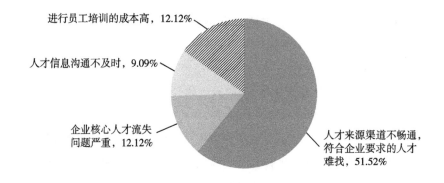

图 7-1　人才开发方面遇到的问题

资料来源：根据问卷调查结果而得。

三、科技成果质量不高，成果转化率低

技术合同交易数据是最能直接反映科技成果能否转化为经济效益的重要数据。2019 年，山西省技术合同成交额为 109.84 亿元，成交额全国排名第 23 位。2020 年技术合同成交额只有 44.98 亿元，全国排名第 26 位。2020 年较 2019 年技

术合同成交额出现了较大程度的减少，距离发达省份仍有一定差距。从技术引进和输出指标来看，山西一直处于技术吸纳远大于技术输出的状态，技术输出排名仅高于内蒙古、海南、宁夏、青海、西藏，技术输出能力弱。省会城市太原 2019 年技术合同成交额为 80.5 亿元，在中部六省省会城市中排名第五，不足武汉的 1/10，技术转让合同成交额为 0.64 亿元，仅占技术合同成交总额的 0.8%。地方性高校科技成果转化能力弱，高新技术成果难以通过与企业合作真正转化为现实生产力。

从国家级科技企业孵化器、大学科技园新增在孵企业数指标来看，2019 年，太原市共有 125 家，全国排名 26 位，而同为中部省份的合肥有 363 家，全国排名全国第 9 位，反映出太原市孵化载体孵化能力偏弱，科技成果转化服务体系不完善。另外，太原市科创板上市企业数指标为零，反映出太原市潜力大、成长较快的科技型企业偏少，科技成果转化能力不强，特别是市场前景好、带动能力强的重大科技成果转化尤为不足。

四、产业集群"低端锁定"，上下游一体化程度低

山西经济的产业结构单一。通过前文对资源型省市第一、第二、第三产业增加值的分析可以看出，与全国第一、第二、第三产业的比重相比，山西第一产业、第三产业比重过小，第二产业比重过大。而且，第二产业中，煤炭产业又占很大比重。这与山西作为煤炭大省，成为中国能源重化工基地的政策有关（刘东霞等，2012）。山西由于长期依靠能源和原材料等资源发展，以及受到国家能源需求的影响，没有完全走出资源供应的老路，支柱产业大多属于传统低端产业，资源消耗大。同时产业链条短、产业规模小，可替代的新兴产业项目不足，导致产业结构失衡的现象长期存在。

山西主要产业集群主要集中在煤焦化、冶金等领域，处于产业链的中低端，资源消耗过大，创新能力不强。资源型传统产业经济的发展路径主要依赖资源的挖掘开采，基本上处于产业链上游，存在产业纵向开发不足、高附加值产品较少等问题；下游产品主要集中在钢铁、电力、化学原料等初级产品和原材料产品。因此导致资源深加工、精加工程度普遍较低，产业链条短、产业上下游一体化发展程度不够，并未真正形成显著的集群效应和优势。再加上资源型产业的高收益使得投资长期集中在投资部门，新型产业又处于起步阶段，逐渐形成山西省"一煤独大"、多元化支柱产业不足的局面。要向以创新驱动为根本动力的经济发展模式转变，加快推动产业集群向创新生态系统转型，这是缓解集群资源消

耗、环境污染严重的必然选择，是推动山西经济结构调整与产业转型升级的有效手段。

第三节　创新生态研发子系统面临的困境

通过对创新生态研发子系统的现状分析，可以发现在高等院校数量与办学质量、科研机构效益、产学研合作等方面面临一系列困境。

一、高校资源整体偏弱，规模发展存在较大空间

创新生态系统以创新能力为支撑，是整个系统得以有效运行的硬核能力。而山西高校不仅在数量上低于全国平均水平，在质量上也落后于其他教育强省。从2019 年的数据看，山西省共有高校 85 所，低于全国平均水平的 87 所，高校从业人员 59509 人，低于全国平均水平的 84333 人，R&D 人员合计为 21590 人，低于全国平均水平的 39780 人。从投入数据看，山西高校 R&D 经费内部支出为159874 万元，仅接近全国平均水平 579754 万元的 1/3。

从产出数据看，山西高校 R&D 课题数为 17358 项，发表科技论文数为 23319篇，专利申请数为 3822 件，在中部六省中均为最少。从质上看，山西目前无"985"大学，只有一所"211"高校，一所"双一流"高校，排名进入国内前 100名的只有山西大学和太原理工大学。R&D 人员中学历在硕士及以上的人数为 15645人，仅为全国平均水平 29894 人的一半左右。第四轮学科评估结果中，无 A 级学科，B 级以上学科数量也较少，且集中在山西大学、太原理工大学两所高校。

二、科研机构经济、社会效益低，成果转化能力弱

科研机构是开展科学技术研究的骨干力量。2012 年，中央先后出台了《深化科技体制改革实施方案》《中央级科研事业单位绩效评价暂行办法》《关于深化项目评审、人才评价、机构评估改革的意见》（中办发〔2018〕37 号）等一系列文件，破除体制机制障碍，释放科研院所创新活力。但也存在一些问题，共性问题是科研院所整体发展情况不平衡，出现明显两极分化现象。

2019 年山西共有 143 个研究与开发机构，高于全国平均水平 104 个，而在研

究与开发机构从事的研发人员只有 5718 人，仅约为全国平均水平的 1/3，其中硕士、博士占比分别为全国平均水平的 16.35% 和 39.11%。

科研机构经济效益和社会效益普遍较低。在科技产出方面，发表科技论文数、出版科技著作数、专利申请数、专利所有权及转让许可收入、形成国家或行业标准数等均低于全国平均水平。

此外，科研院所和高校在转化成果方面还存在障碍。科研机构重科研产出、轻成果转化的现象仍较为明显。成果转化能力比较弱，比例仅为 15% 左右，远低于其他发达省份。

三、系统开放度不够，产学研合作力度有待加强

创新生态系统的一个显著特征是产学研有效合作，形成一个互利共生的生态系统。R&D 经费外部支出一定程度上能反映出高校与外界开展的合作程度。统计显示山西高校 2019 年 R&D 经费外部支出为 4734 万元，仅为全国平均水平的 1/10，说明山西高校对外开放合作程度较低。其中对境内研究机构、境内高校、境内企业 R&D 经费支出分别为 1256 万元、2367 万元和 1084 万元，说明在产学研合作过程中，山西高校以和其他高校合作为主，与科研机构和企业合作程度较低。

山西科研机构 2018 年 R&D 经费外部支出为 6519 万元，为全国平均水平的 1/9，其中对境内机构、境内高校、境内企业 R&D 经费支出分别为 869 万元、526 万元和 5104 万元，说明科研机构与企业合作程度较高，与科研机构和高校间合作较少。

另外，山西高新技术企业中只有 5% 的企业与高校具有合作关系，委托境内高校研发经费 0.4 亿元，8% 的企业具有企业间合作关系，委托境内企业研发经费为 4.3 亿元，说明产学研需要进一步深度融合，创新效率有待提升。

第四节 创新生态环境子系统面临的困境

通过对创新生态支持子系统的现状分析，可以发现在科技创新体制机制、政府精准创新服务、文化环境方面面临发展困境。

一、科技创新体制机制亟须整合与完善

创新生态体系是一个完整的生态群落，各参与主体各司其职且联系紧密，绝不是相互独立的发展。通过发展创新生态系统，具有共生关系的创新组织之间形成分工协作创新网络，可以促进区域内组织竞争力的提高，增进知识的外溢、技术的转移、产业规模的扩大，有利于促进产业结构转型升级，提升产业层次，促进经济、科技、社会的协调发展，提高区域竞争力。当前，科技创新体制机制存在的问题有：

一是科技管理机构重叠、职能交叉，科技资源配置效率低。科技创新工作，除科技部门外，发改、工信、教育、农业等多部门均设有主管科技、产业政策的机构，各部门之间缺乏明确的职责定位和分工合作机制，在推动高新技术产业发展、战略性新兴产业培育和企业技术改造升级等方面，各自制定政策规划，分别利用财政资金设置科技创新项目，形不成合力。缺乏有效的资源整合和成果共享机制，这不仅导致资源浪费，也会造成研发领域冲突、重复开发等问题。

二是科技项目总是过多依赖科技计划项目，没有对项目的总体布局统筹与战略规划，缺乏对重点领域项目、基地、人才、资金的一体化配置，科技管理部门过多地介入具体的科技项目运作，未能充分发挥科技创新引领支撑高质量发展作用。

三是科技管理干部总量不足、结构不优、能力不足，不能满足经济社会发展的要求。科技管理部门普遍人员不足，领导班子外行多，有事无力；多数县级科技管理部门撤并，有的与教育部门合并，有的与经济部门合并，弱化了科技创新职能；科技管理队伍普遍人员老化，专业性不强，科学素养不高，活力不足，这种现象在其他各地市也存在。

二、政府精准创新服务有待提升

政府在宣传、规范与引导方面工作不到位。发展高新技术企业是营造创新创业氛围、激发创新主体活力、推动产学研合作和促进科技成果转化的重要举措。高新技术企业在获得奖励和享受所得税优惠的同时，通过认定还能够带来规范管理、增强企业竞争力和扩大知名度等益处。但实际认定过程中，发现部分企业对《高新技术企业认定管理办法》等政策了解不到位，不太清楚高企认定的条件和流程等，研发费加计扣除政策认识也不足，甚至不理解高新技术企业认定的重要

性。除此之外，从资料审查、企业考察及高新技术企业认定时高新技术产品及研发费用的审计报告分析中可知，很多企业在财务管理方面仍然不够规范，研发费用归集不合理，导致研发费用加计扣除、高新技术企业所得税等优惠政策不能及时享受。

政府在促成产学研合作过程中未能发挥好桥梁纽带作用，山西省科技型中小企业中采取产学研合作战略创新的企业占比为 19.7%，仅占 1/5。并且山西省创新资源投入未能实现有效配置，没有形成规模效应，导致高校、科研机构、企业创新效率低。

政府精准服务不到位。山西省高新区内的科技型中小企业数量占科技型中小企业总数的 12.5%，高新区内的企业数量还是很少。2018 年山西省提出为科技型中小企业提供精准服务，根据调查问卷，企业最想获得的服务依次是：政策咨询及项目申报服务 48.48%、投融资服务 37.88%、企业管理咨询服务 36.36%、员工专业技能培训 36.36%、资源整合服务 27.27%、市场营销服务 22.73%、技术创新服务 21.21%、创业辅导 7.58%。服务机构目前为企业提供的培训主要是政策解读、投融资服务，且服务机构人员知识水平有限，无法为企业提供更为精准的服务（见图 7-2）。

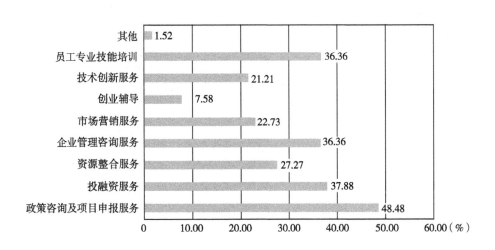

图 7-2　科技型企业创新服务需求调查

资料来源：根据问卷调查结果而得。

根据《中国省份营商环境研究报告 2020》对中国内地 31 个省份的营商环境

评估显示，山西省营商环境指数全国排名第 23 位，略高于人均 GDP 排名，处于落后水平。政务环境和法律政策环境尤其需要重点提升。

三、激励创新的文化环境不够完善

地处内陆、资源受限的地理环境影响了山西的创新文化环境。同沿海城市和南方城市相比，山西创新意识比较落后、创新精神不足。根据回收的调查问卷及实地考察发现，山西省只有 48.48% 的科技型中小企业是通过自主开发新产品进入市场，比例还不足一半；有 19.7% 的科技型中小企业积极与高校或科研院所合作开展创新；有将近 30% 的企业是根据企业当前的技术发展水平，模仿原有技术，对老产品进行改造。从这些数据可以看出山西省科技型中小企业普遍存在着技术创新意识淡薄，创新能力不强的现象，没有形成浓厚的企业创新氛围。

此外，文化环境不够完善还表现为官本位思想比较严重，企业家数量少，企业家精神缺乏，创新氛围落后。行政审批手续复杂烦琐，审批环节和服务跟不上，一些管理部门仍存在过度管制、限制发展的取向，导致商业市场竞争环境缺乏对外来投资的吸引力。

第八章 山西创新生态系统构建的影响因素分析及 SD 模型仿真

为了获知创新生态系统运行的规律，有必要解构哪些因素影响山西创新生态系统构建，并深入揭示这些关键影响因素之间的关系。通过 SD 建模模拟创新生态系统变量的相互影响过程，以便为政府培育本地创新生态系统提供借鉴。

第一节 山西创新生态系统构建的影响因素整体框架

创新生态系统的创新主体主要有企业、政府、高校、科研机构和中介机构。创新生态系统构建需要企业、政府、科研机构和中介机构共同参与，并且发挥它们之间的协同作用，还需要和所在外部环境进行互动，开展信息交流与资源交换等活动，实现资源共享与价值实现。由此，影响创新系统构建的因素可以分为显性因素和隐性因素。显性因素包括企业创新能力、高校和科研机构研发能力、中介机构服务能力、政府制度创新水平。隐性因素包括创新主体协同水平、资源依赖程度、创新文化、市场环境，如图 8-1 所示。

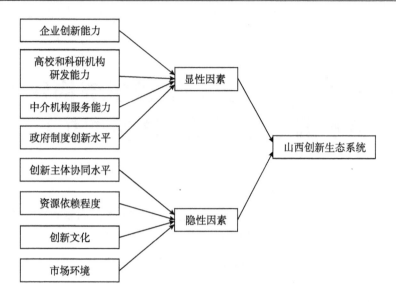

图 8-1 山西创新生态系统构建的影响因素整体框架

第二节 创新生态系统构建的影响因素分析

1. 创新生态系统构建的显性影响因素

企业是创新生态系统的核心主体，决定了创新生态系统的运行水平与运行质量。一方面企业可通过设立独立的自主研发机构或者与其他企业、科研机构、高等学校建立技术合作关系，开展创新研发工作；另一方面企业可以打造成为整合科技资源的创新平台，发挥资源整合、集聚的优势，提升企业的创新能力。根据企业在创新生态系统中发挥作用的差异，可以将影响企业创新的因素归纳为：企业自身的研发实力和企业作为上中下游衔接的创新平台的资源整合与转化能力。其中，企业的创新研发实力主要通过其研发投入体现，具体指标是企业 R&D 投入强度；创新平台的资源整合与转化能力主要是通过功能评价体现，以低成本、高产出为目标。功能评价通过成本和产出之间的比值量化。

高校和科研机构是创新生态系统中的研发主体及人才培养主体。高校具有独特的学科、人才、信息优势，承担着科学研究和创新人才培养的重任，高校的数量和质量往往是地区科技创新发展水平的重要衡量标准。而科研机构独立于教育和高校范围之外，在公益、科技研发、技术服务、科技成果转化方面具有独特优势。强化研发创新能力需要完善高校和科研机构的功能，发挥高校与科研机构对科技创新的驱动作用。高校和科研机构的数量可以作为地区知识创造水平的直接体现。

中介机构是创新生态系统中的服务创新主体。主要作用是充当企业、高校、科研机构、政府之间的桥梁，沟通市场各方需求，提供政策研究、信息咨询、项目评估、成果鉴定、技术转移等服务，促进创新资源互动和共享。

政府是创新生态系统的制度创新主体。政府的作用不是简单地下达行政命令，而是作为基础设施建设的推动者、宏观市场的调控者、创新生态的治理者等角色发挥着多重作用。政府通过产业政策制定、科技体制机制完善、营商环境营造等措施集聚创新资源，激发创新主体活力，影响科技创新体系运行与发展。

2. 创新生态系统构建的隐性影响因素

协同效应水平直接决定创新生态系统内部运行的有效速率。无效协同、有效协同和高效协同分别是协同效应的三个发展阶段。无效协同是各主体间独立运行或者信息不畅的结果；有效协同要求各创新主体间的沟通渠道畅通，沟通频率合理；高效协同是系统内部资源共享，上下游一体化。只有充分发挥企业、高校、研究机构、中介等的协同作用，才能促进创新生态系统内部的良性循环，实现"1+1>2"的效果。

资源依赖程度反映的是一个地区对自然资源、矿产资源的依存程度。对于资源富集地区，往往因为资源依赖程度过高，而减少对高素质、高技术的人力资本和创新技术的投资，从而削弱技术创新能力，增加经济转型的困难。而对于山西这样一个资源型地区，构建创新生态系统不能不考虑自然资源比较优势对创新系统的影响。

创新文化和创新氛围是影响地区创新投资和创新人才集聚的隐性影响因素。创新创造需要科学研究人员敢为人先、自由探索的创新精神，也需要全社会支持创新、宽容失败的思想环境。

此外，还有市场环境和本地需求对创新的影响，良好的市场环境意味着市场能够有效地配置资金、人才、技术等资源，形成优胜劣汰、公平竞争的市场机制，使市场交易与市场的运行更加顺畅。而能够洞察和满足本地用户对创新产品持续增长的需求，是开展本地化创新的基础。

第三节 理论模型和 SD 建模

一、研究方法

系统动力学作为结构方法、功能方法和历史方法的统一，适宜处理复杂的系统问题（王其藩，1988）。系统内部的动态结构与反馈机制决定了系统的行为模式与特性。而创新生态系统是各创新主体在内部动力和外部环境的共同作用下协同演化的过程。按照系统动力学的理论与方法建立的模型，借助计算机模拟可以定性与定量地研究系统的运行机制问题。引入系统动力学方法不仅可以分析创新生态系统中各因素相互作用的机理，而且可以进行相关政策模拟，揭示政策在创新生态发展中的影响作用与效果，为政府推进创新生态系统建设提供理论依据。

二、理论模型

Ron（2006）提出了"创新生态系统"，指出创新已不是单个企业可以完成的任务，只有与一系列合作伙伴进行互补性协作，才能真正地为顾客创造有价值的产品和服务，而这种互补性组织就是一个创新生态系统。创新生态系统是基于自然生态系统的原理演化而成的。它遵循自然生态系统的循环作用机制，同时受外界环境的影响。王德起等（2020）认为，创新过程主要遵循"创新资源利用—创新成果产出—成果市场化推广—创新收益回馈"的链环回路。根据分解原理，本书从投入产出视角将创新生态复杂系统分成了五个创新生态子系统（五个创新生态子系统是对基于创新活动动态视角创新生态系统的四个类别划分方法的进一步细化，主要着眼于投入产出视角），并构建了创新生态系统运行机制的基本循环链。SD 建模的五个子系统分别是创新资源子系统、创新成果子系统、创新应用子系统、创新产出子系统和创新环境子系统。五个子系统相互作用、相辅相成，共同促进创新系统演化。除创新环境子系统外的四个子系统组成循环链，是为创新生态系统内部运行流程。创新环境子系统为外界影响因素，通过外界环境的变化间接作用于系统内部运行的各个环节，使系统运行状况发生变化（见图8-2）。

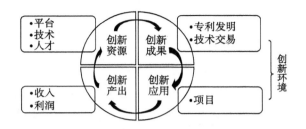

图 8-2　创新生态系统内部基本循环链

创新资源子系统的驱动变量主要有规模以上工业企业 R&D 经费。以规模以上工业企业为创新实施主体，高校和科研机构通过在创新链不同阶段的产学研技术合作，进行创新资源的利用、整合，进而产生创新成果。

创新成果子系统驱动变量主要有：规模以上工业企业有效发明专利数、技术市场成交额等。由于专利的三种形式（专利、实用新型和外观设计）中发明专利的技术含量最高，因此，发明专利指标更能体现创新生态系统产出的质量和竞争力。技术市场成交额一定程度上反映了科技创新和技术转移情况，可将技术市场成交额作为衡量科技成果转化政策的效果。

创新应用子系统主要由产品生产的过程驱动。变量主要有规模以上工业企业新产品开发项目数等。

创新产出子系统主要包含创新收入等驱动因素。驱动变量主要有：规模以上工业企业新产品销售收入、利润等。

创新环境子系统主要受政府环境、市场环境和资源依赖度等因素驱动。其中，市场需求和创新政策环境是直接影响创新主体行为的两大外生变量。市场环境在资源依赖和科研人员创新绩效负相关作用中存在中介效应。另外，改善基础设施，提高城市服务功能和对外交通可达性有利于促进区域各种要素的流动、集聚。创新环境子系统驱动变量主要包括税收优惠、法律保障、市场环境、基础设施等。

三、创新生态系统 SD 模型构建

随着技术、市场、创新活动的相互作用日益密切，影响创新的因素也越来越多。无论是从单因素还是从双因素的视角来认识创新，都难以全面反映技术创新的动力机制。克莱因和罗森伯格进一步提出"链环回路"模型，指出创新的各个环节之间都存在着反馈。而本书就是基于创新生态系统各个环节之间的反馈关系研究制约其发展的因素和促进其发展的动力。

本书的创新生态系统运行主要是以企业为主体，产学研用深度合作的模式。SD 模型（见图 8-3）基于以下假设建立：①创新生态系统的发展是一个循序渐

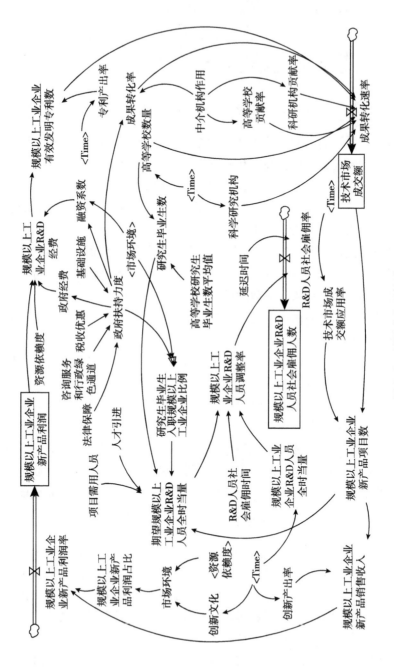

图 8-3 创新生态系统流

进的过程；②排除外界突变和异常事件而导致的系统崩溃；③排除一些对创新生态系统影响可以忽略的非可测变量的因素。

第四节　基于 SD 模型的山西创新生态系统运行机制分析

为了解决地区发展"不平衡、不充分"的问题，国务院多次发布政策支持老工业城市和资源型城市产业转型升级，并把山西设立为国家资源型经济转型综合配套改革试验区。而且，自 2019 年以来，山西省政府将"优化创新生态，增强创新驱动力"作为重点工作来抓，以促进山西经济高质量转型发展。因此，以山西为例，开展创新生态系统运行机制分析具有典型性和代表性。

一、数据收集

本书的研究数据来源于国家统计局和山西省统计局的统计年鉴和统计公报，选择了 2009~2018 年山西省创新生态系统的有关数据。

二、模型检验

本书的研究模型选取 2009 年为基准年，模拟步长为 1 年。结合历史实际数据进行模型检验。以 2009~2018 年的规模以上工业企业新产品销售收入（见图 8-4）和规模以上工业企业有效发明专利数（见图 8-5）两个关键变量进行模型

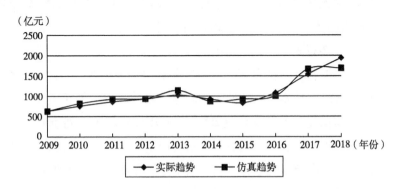

图 8-4　2009~2018 年规模以上工业企业新产品销售收入

资料来源：吕瑶，张爱琴. 基于系统动力学的资源型地区创新生态系统运行机制及仿真——以山西省为例 [J]. 河南科学，2022，40（1）：113-122.

检验，将仿真趋势与实际趋势作对比。

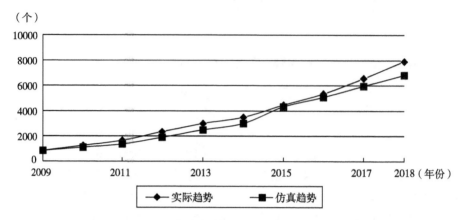

图 8-5　2009~2018 年规模以上工业企业有效发明专利数

从图 8-4 和图 8-5 中可以看出两个变量仿真趋势与实际趋势拟合优度良好，且误差绝对值在 20% 以内，这说明本书研究建立的 SD 模型通过模型检验，是可用的。

三、趋势预测

预测时间段的确定。山西政府提出"全力打造一流创新生态，培育壮大转型发展新动能"。2019 年，山西省委在省委经济工作会集中明确要用"三个五年"时间分步推进转型综改，即到 2025 年转型要出雏形，到 2030 年转型要基本实现，到 2035 年转型要全面实现。在此基础上，2020 年，伴随着全省科学技术大会的召开和山西省人民政府发布的《关于加快构建山西省创新生态的指导意见》，强调山西创新生态发展要围绕 2025 年转型出雏形的主要要求分"三个阶段、八个重点"务实推进。"一年架梁立柱，三年点上突破，五年基本成型"，所以确定本研究的预测时间段为 2019~2035 年，以助力山西转型发展之路。

预测变量的选择。预测变量按照除创新环境之外的四个创新子系统选择。创新资源子系统选择规模以上工业企业 R&D 人员社会雇佣率；创新成果子系统选择规模以上工业企业有效发明专利数；创新应用子系统选择规模以上工业企业新产品项目数；创新产出子系统选择规模以上工业企业新产品销售收入。

1. 创新资源子系统

由历史数据可知，2018 年之前由于规模以上工业企业人员流失严重，R&D人员全时当量一直在下降，R&D 人员社会雇佣人数多呈负值。但随着 2018 年山西在人才引入政策上发力，规模以上企业 R&D 项目数增多，期望规模以上企业 R&D 人员全时当量一直呈上升趋势，这意味着需要增加更多的 R&D 人员。本书的研究对规模以上工业企业的人员的数量增加讨论了三种渠道，并假定没有人员冗余。一是人才引进，二是高校招聘，三是社会招聘。规模以上工业企业 R&D 人员调整率指的是每年社会招聘人数，当人才引进和高校招聘人数满足所需招聘人数时，规模以上工业企业 R&D 人员社会招聘人数为负，表示不需要从社会上招聘，也就是无法为社会创造更多就业岗位。这同时也表示规模以上工业企业内部人员冗余，需要减少人才引进和高校招聘人数。正值表示规模以上工业企业需要进行社会招聘以保障新产品项目有关工作的顺利进行。另外，因为人员调整招聘和雇佣需要时间，本书的研究引入了延迟函数将规模以上工业企业 R&D 人员调整率处理为规模以上工业企业 R&D 人员社会雇佣率，并由此得出规模以上工业企业 R&D 人员社会雇佣人数。规模以上工业企业 R&D 人员社会雇佣人数趋势仿真如图 8-6 所示。

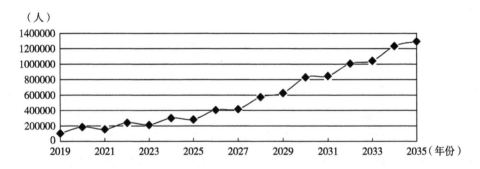

图 8-6　2019~2035 年规模以上工业企业 R&D 人员社会雇佣人数趋势仿真

由图 8-6 可得，规模以上工业企业 R&D 人员社会雇佣人数整体呈持续上升趋势，相邻年度在一定范围内波动。由此得知，随着资源型地区创新生态的发展，规模以上工业企业的 R&D 人员社会雇佣人数增加能够为社会创造更多的就业岗位，盘活资源型地区人才市场存量，优化人才增量，为规模以上工业企业注入更多的活力。

2. 创新成果子系统

在山西创新生态发展要求的"八个重点"中，第二点提到要做优做强实验室，切实增强应用基础研究和自主创新能力。由此，规模以上工业企业有效发明专利数呈平滑上升趋势（见图 8-7），这与 R&D 经费投入和专利产出率两者存在显著的因果关系。在政府扶持力度不变的情况下，R&D 经费投入主要来源于新产品项目利润、企业追加的经费投入和外部融资三方面。

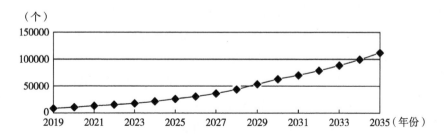

图 8-7 2019~2035 年规模以上工业企业有效发明专利数趋势仿真

由图 8-7 可分析推断创新成果子系统的影响过程及影响机理。随着区域创新体系的完善，市场环境逐步改善，激发了更多的创新需求和市场主体的活力，企业开展技术创新的动力加大，新产品项目利润率提升，外部融资条件好转，企业愈加重视对研发环节的追加投资。由此，R&D 经费投入的资金结构产生变化，外部资金源将不断扩大，不再是企业吸纳资金，而是资本主动寻求合作，由此形成资金链的良性循环，一步步推动市场发展，激发创新活力。专利产出率随着 R&D 经费的投入逐年提高，企业内部创新活动越来越多。与此同时，企业内部的创新奖励机制也是提高科研人员创新主动性和能动性的强大驱动力。其表现为，规模以上工业企业的专利研发水平稳步上升，与 2009~2018 年比，专利的增长速率呈加快趋势。不仅是规模以上工业企业研发实力增强的体现，更是高校和科研机构协同作用的结果。

3. 创新应用子系统

在山西创新生态发展要求的"八个重点"中，第一点提到要加强中试基地建设，有力推动科研成果向现实生产力转化。规模以上工业企业新产品项目数逐年增多，2019~2023 年发展较为平缓，属于积累阶段。2024~2028 年发展速度明显加快，属于蓬勃发展阶段，且在 2028 年左右达到高点。之后两年创新生态发展出现乏力，规模以上工业企业新产品项目数有所下降。但在经过短时间的乏力阶段后，规模以上工业企业新产品项目数在 2030 年继续攀升，2035 年达到新高峰（见图 8-8）。这与山西省制订的"三个阶段"发展规划不谋而合。2025 年创新生态初步成型，转型出雏形，厚积薄发，在 2028 年出现发展高峰，之后有所下降，2035 年创新生态发展全面成型，转型全面实现。

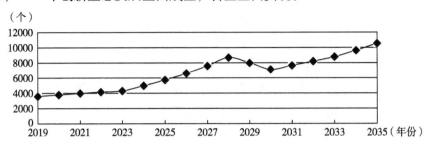

（个）

图 8-8　2019~2035 年规模以上工业企业新产品项目数趋势仿真

4. 创新产出子系统

根据山西提出的创新生态的发展战略，到 2025 年，适应高质量转型发展和现代化建设的一流创新生态将基本成型。通过对创新产出子系统的分析，可以看出，2019 年后规模以上工业企业新产品销售收入总体呈上升趋势，与规模以上工业企业新产品项目数发展趋势大致相同。与此同时，山西的创新文化和氛围也逐步改善，以需求为导向的技术创新活动越来越多，规模以上工业企业新产品利润占比也在逐年提升，规模以上工业企业利润逐渐增多（见图 8-9）。

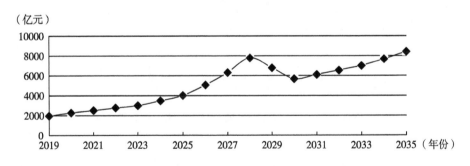

（亿元）

图 8-9　2019~2035 年规模以上工业企业新产品销售收入

四、政策模拟

政策模拟是指借助模型仿真分析特定政策对现实世界产生作用的过程，以及政策实施的结果。决策分析的目的就在于研究哪些政策有效，为什么有效，政策模拟变量的取舍主要是从政府、企业、中介机构、区域环境四个方面综合考虑。本书的研究选取政府扶持力度、中间变量、中介机构作用、资源依赖度四个变量，通过调整其参数值，以观察关键变量的变化趋势。其中，中间变量包含专利产出率、技术市场成交额应用率和创新产出率。中间变量的大小主要与企业的经营活动相关。因为企业的创新活动是创新生态系统运行的核心动力。而企业产品创新是企业中的各种创新活动的价值链中心环节。

由于各个变量对规模以上工业企业新产品销售收入和 R&D 人员社会雇佣人数影响效果基本相同，故只在调整政府扶持力度时，同时分析规模以上工业企业新产品销售收入和 R&D 人员社会雇佣人数随政府扶持力度的变化情况，后面均以规模以上工业企业新产品销售收入随调整变量的变化情况为代表进行分析。

1. 调整政府扶持力度

假设将影响政府扶持力度的初始变量设为 4 个单位，当变量值分别提高和降低 0.1 个单位量。可得规模以上工业企业新产品销售收入随政府扶持力度变化情况如图 8-10 所示，R&D 人员社会雇佣人数随政府扶持力度变化情况如图 8-11 所示。

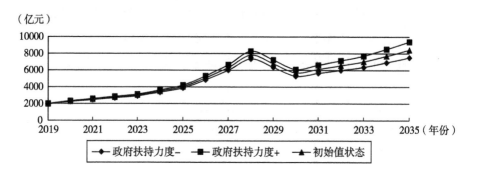

图 8-10　2019~2035 年规模以上工业企业新产品销售收入随政府扶持力度变化情况

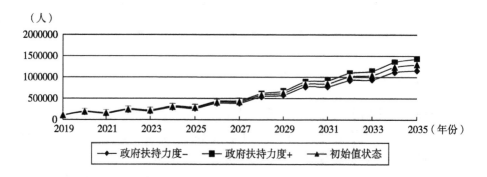

图 8-11　2019~2035 年 R&D 人员社会雇佣人数随政府扶持力度变化情况

由图 8-10、图 8-11 可以看出，政府扶持力度和规模以上工业企业新产品销售收入与 R&D 人员社会雇佣人数基本呈正相关。规模以上工业企业新产品销售收入随政府扶持力度的增加呈现规律性上涨趋势，直到 2028 年左右出现明显增长。然后出现短暂调整，最后趋于稳定。短暂调整一方面是由于政府政策落地速度慢，政策效应具有时滞性，另一方面是雇用新员工的招聘周期和人员上岗的周期延迟。

2. 调整中介机构作用

将其分别提高和降低 0.1 个单位量，观察规模以上工业企业新产品销售收入的变化趋势（见图 8-12）。中介机构作用增加对规模以上工业企业新产品销售收入起正向促进的作用。

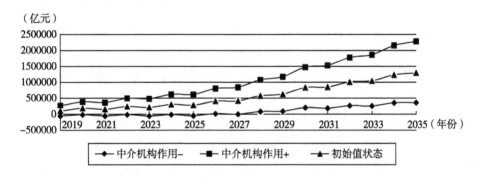

图 8-12 2019～2035 年规模以上工业企业新产品销售收入随中介机构作用变化情况

由图 8-12 可以看出，随着时间的推移，中介机构对规模以上工业企业新产品销售收入的影响越来越显著。表现为，与初始状态比较，规模以上工业企业新产品销售收入的数量逐年增加。

中介机构的作用反映了企业和高校、科研机构之间的协同度，体现在上下游主体间的联结紧密度。随着中介机构在创新主体间发挥的辅助创新的作用越来越大，提高了产业孵化和创新成果转化的速率，带动了高校和科研机构的创新贡献率，提升了技术合同成交额，从而进一步激发企业内部的创新活力与动力，推动新产品的开发与销售。

3. 调整中间变量

将中间变量包含的 3 个变量的值上下调整 0.1 或 10 个单位量。规模以上工业企业新产品销售收入和 R&D 人员社会雇佣率出现了显著的增长和下降（见图 8-13）。

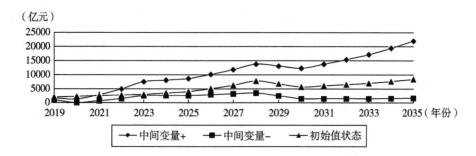

图 8-13　2019～2035 年规模以上工业企业新产品销售收入随中间变量变化情况

纵向比较。规模以上工业企业新产品销售收入和 R&D 人员社会雇佣人数随中间变量值的增减而增减，说明中间变量的正向变化会对其起积极作用。反之，会有消极作用。

横向比较。提高中间变量的值时，规模以上工业企业新产品销售收入比原来的上涨趋势陡峭很多，说明中间变量提高可以加快其上涨速率，两者呈正相关。减少中间变量的值时，规模以上工业企业新产品销售收入上涨趋势随之放缓。

综合比较，在增加和减少同等单位量的情况下，规模以上工业企业新产品销售收入增长速率快于下降速率。中间变量的值继续增加，规模以上工业企业新产品销售收入可以创新高，意味着可以创造更高的经济效益。中间变量的值低到一定程度时，甚至无限趋于 0 时，规模以上工业企业新产品销售收入不会无限下降，但会出现经济效益低下甚至亏损的状态。

4. 调整资源依赖度

将其分别提高和降低 0.1 个单位量，观察规模以上工业企业新产品销售收入的变化趋势（见图 8-14）。资源依赖度的增减是一个长期的过程。资源型地区要从高资源依赖度的阶段发展到实现创新驱动、产业结构优化的阶段需要很长的时间积累。资源依赖度的改善除了依靠外界力量推动，更多地需要在创新环境和创新文化的逐步形成中潜移默化地改善。

由图 8-14 可知，资源依赖度对规模以上工业企业新产品销售收入起反向作用。在资源依赖度发生变化的初始阶段，规模以上工业企业新产品销售收入与初始值几乎是重合的。说明随着资源依赖度发生变化，其对规模以上工业企业新产品销售收入的影响在至少 5 年左右的时间后才会逐步显现，并且影响力渐渐扩大，使规模以上工业企业新产品销售收入的年变化量越来越大。

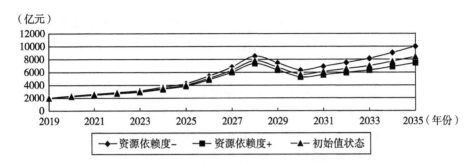

图 8-14　2019~2035 年规模以上工业企业新产品销售收入随资源依赖度变化情况

另外，规模以上工业企业新产品销售收入变化对资源依赖度的增加比减少更敏感。可能的原因是资源依赖度增加到一定理论值时，已经趋于其实际最高依赖水平，即便理论值继续增大，其实际依赖水平也不会再升高，故对规模以上工业企业新产品销售收入的影响也不会更显著。

5. 综合模拟

选取政府扶持力度、中间变量、中介机构作用、资源依赖度四个变量，考虑到其敏感度不同，模拟在中间变量正向变化 0.1 个单位量时，同时其余 3 个变量负向变化 0.1 个单位量的虚拟政策情景下系统的变化趋势，结果如图 8-15 所示。

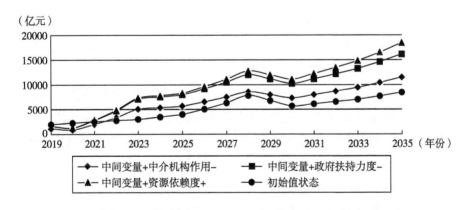

图 8-15　2019~2035 年规模以上工业企业新产品销售收入随综合因素变化情况

由图 8-15 可以看出，三种情境下规模以上工业企业新产品销售收入开始的变化并不稳定，变化幅度不大，还出现了反向变化的情况。大约 2 年后，变化趋势趋于稳定。并且初始值状态曲线在4条趋势线中处于最低水平。说明在其他三种情境下，规模以上工业企业新产品销售收入都高于初始值状态。其他三种状态下，中间变量为正向变化，其他变量均为负向变化。

由此得出，以上四个变量中，中间变量是最为敏感的因素，其在三种情境中都占据了主导地位。根据三种情景下的趋势线的形状判断，按敏感度从高到低排序依次为：中间变量、中介机构作用、政府扶持力度、资源依赖度。政府扶持力度和资源依赖度前期影响趋势几乎是相同的，且都存在滞后性。政府扶持力度的影响后期扩大后比资源依赖度的影响效果更显著。

五、结果分析

本书运用系统动力学方法对资源型省份——山西的创新生态系统运行机制进行了研究，通过以上研究结果发现：

（1）专利产出率、技术市场成交额应用率、创新产出率这些中间变量正向影响创新生态系统运行效率。

（2）政府扶持力度、中介机构作用正向影响创新生态系统运行效率。

（3）资源依赖度对创新生态系统具有抑制作用。

（4）变量影响创新生态系统的敏感度不同。变量按敏感度从高到低排序依次为中间变量、中介机构作用、政府扶持力度、资源依赖度。

从研究结果中可得如下启示：

（1）提高中间变量发挥的作用。提高中间变量主要从三方面入手，分别是专利产出率、技术市场成交额应用率和创新产出率。①各创新主体要从管理角度入手制定更为合理的机制制度，激发员工的积极性和内部的创新活力，不断提升研发创新活动效率和专利产出率；②企业要依靠完善的内部机制推动新产品项目的立项和实施，要提高对引进技术的重视和应用程度，提高技术的市场应用率；③企业要实施相应的激励政策，拓宽新产品销售渠道，扩大外部销售市场，使企业的创新产出率和利润占比越来越高。

（2）强化政府支持和中介机构的作用。由研究结果可以看到，政府扶持力度、中介机构作用正向影响创新生态系统运行效率。政府对创新生态构建的扶持力度应持续加大，包括基础设施建设、人才引进、创新研发、税收优惠等多方面打造全过程服务体系。发挥众创空间、科技孵化器等载体和平台的中介作用，为企业创新活动和成果转化奠定稳定的基石。

（3）降低资源型地区的资源依赖度。由高资源依赖度所带来的产能过剩、生产效率低、环境破坏问题阻碍了资源型地区的高质量转型发展。因此应实施供给侧和需求侧双侧驱动。一方面，发展科学技术，提升能源资源利用效率，大力发展可再生能源。另一方面，淘汰落后产能，调整经济结构，通过"需求创造"激发本地创新需求，提升产品品质。通过推进产品高端化激励创新，降低资源型地区的资源依赖度。

各变量影响创新生态系统的敏感度不同，可以为山西优化创新生态系统提供决策启示。

第九章　山西创新生态系统的
演化路径与演化机制

资源型地区的发展实践表明，越是资源依赖性强、经济欠发达的地区越是需要以创新为突破口，实施创新驱动发展战略。而打造创新生态系统是实施创新驱动发展战略的根本保证。良好的创新生态有利于挖掘资源型地区发展潜力，促进创新资源配置到具有创新潜力的新兴产业上来，以科技创新催生新的发展态势。山西作为典型的资源型地区，在发展过程中过去主要依赖矿产资源和自然资源，为了加快资源型地区的转型升级，提出以创新生态系统构建资源型地区经济转型的路径。

第一节　山西创新生态系统演化的生命周期分析

了解创新生态系统的历史演变对提出解决方案十分重要。分析山西创新生态系统演化的生命周期脱离不了资源型地区转型的大背景，必须首先剖析创新生态系统如何影响资源型地区转型以及资源型地区创新生态的演化过程。

一、创新生态系统促进资源型地区经济转型的多层次分析框架

对资源型地区创新生态系统的研究不仅需要着眼于系统全局分析创新主体、创新要素之间的关系，也要通过时间脉络，动态性地研究一个地区创新生态系统的发展演变过程。只有这样，才能进一步剖析清楚创新生态系统的演化过程、演化特征，从而为资源型地区的创新战略决策和创新管理提供理论支持。

社会—技术转型多层次视角（Multi-level Perspective）是转型研究的主要分析框架。它融合了演化经济学、创新社会学、制度经济学等的思想，从微观—中

观—宏观多尺度互动演进的视角来分析系统的形成与演进过程。而资源型地区经济转型是包括社会经济结构、制度变革、文化形态、价值观念在内的庞大的社会系统转型问题，需要构建从技术、制度、组织、社会等多领域的创新生态系统，通过微观、中观、宏观三个层次的互动演化才能实现经济转型和产业升级。因此，可以借鉴社会—技术视角的转型理论（Multi-level Perspective），构建创新生态系统促进资源型地区经济转型的多层次分析框架。

MLP 多层次视角的微观层面主要指技术层面、"利基"层面的转变，新兴产业基于技术和市场的巨大不确定性，开展"模糊前端"的探索，因而此阶段需要对出现的利基生态位进行保护，构筑有利于激进式创新的保护性空间，以利于生态位参与者能够在巨大的外部压力中生存下来。

MLP 多层次视角的中观层面指"体制"层面的转变，集合了相关规制和实践的制度体系。开创性创新本质上挑战了一个领域中盛行的社会技术体制，因此往往会遭遇强大的社会阻力。正如 Geels（2002）强调的，转型不仅需要技术创新，还需技术所嵌入的社会制度作出相应的转变。

MLP 多层次视角的宏观层面指"社会—技术景观"（landscape）层面的转变。宏观层面的社会—技术环境（Geels et al.，2005，2017；Rip and Kemp，1998；Geels，2005）。转型生态系统的形成不仅有赖于内部的协同，还需要有主流社会技术制度主导的更广泛的社会—技术环境的支持（Hou and Shi，2020）。

多层级视角下的社会—技术转型即是上述三个层级之间通过激进式创新涌现、创新形成和稳定、创新扩散和突破及新的社会—技术系统形成、逐步稳定且制度化四个阶段的非线性相互作用，从而推动系统实现根本性转变的动态过程（Geels et al.，2017）。基于多层级视角的资源型地区转型的动态过程如图 9-1 所示。

宏观层面的转型指的是需要树立创新所需要的可持续发展理念，需要构建适合转型的外部环境，以及整合创新主体与政策、制度、文化、平台等背景因素之间的关系。宏观语境景观层面的转型速度相对缓慢，但它是资源型地区转型所需的稳定的社会经济结构层。只有从社会—技术宏观视角树立创新、协调、绿色、开放、共享的新发展理念，重塑和完善创新文化，激发资源型地区已有的文化积淀，才能促进从资源型驱动向创新驱动生态系统的转变，才能为资源型地区转型奠定坚实的文化基础。

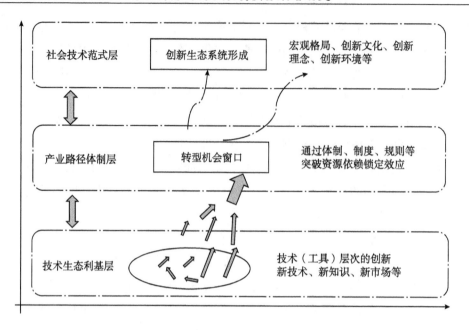

图 9-1 基于多层次视角的资源型地区转型框架

资料来源：参考 Geels 等的社会—技术系统转型理论构建而得。

中观层面即体制与制度层。由于资源型地区形成了高度依赖自然资源的社会—技术体制，于是在能源机构、能源政策、技术规制等方面产生了阻碍转型的"体制阻变效应"。因此，要实现资源型地区转型，必须对原来的产业政策、经济结构、技术和体制进行彻底革新。中观层面的核心是有针对性地制定资源型地区绿色转型扶持政策，并强化新兴产业发展政策，通过政策、制度、规则的系列作用，加强宏观指导与统筹协调，推进传统产业升级迭代，推动资源型地区迈入高质量发展转型。中观层面的体制层为传统产业向新兴产业发展优势转化提供必不可少的体制支撑。

最底层是利基层，是体制转型的微观层，由新技术、新知识和新市场等技术（工具）层次的创新推动形成。利基创新通过创新生态各个微观子系统的形成推动中观层面的体制改革和宏观层面的范式转变。例如，实施研发实验室建设项目、对引领产业发展的示范项目进行财政补贴、培育鼓励创新的"保护性空间"，从而激发企业、高校、科研机构各主体的创新活力，推动区域内的创新资源要素优化配置，形成有利于创新生态系统形成的产业链、创新链及价值链耦合的创新网络。人才方面，应引才、留才、用才并举，改善人才工作、居住环境，营建良好的创新发展氛围；金融方面，设立产业引导基金，积极支持战略性新兴产业发展；产业方面，通过多业态融合发展解决产能过剩问题，通过创新发展提升产业价值链水平。

从多层次视角出发，资源型地区转型不仅看成是技术和产业领域的创新，而且包括制度、组织、社会、政治等多领域的变革。资源型地区要完成经济的转型过程，需要克服长期以来单纯依靠资源发展的制度历史惯性，需要完成从技术创新，到制度体制变革，再到观念更新、产业网络重塑的过程。

二、资源型地区创新生态演化过程

一个新的区域发展模式被提出直到实现转型往往要经历四个阶段：新区域发展模式被设计出来的初始阶段、实施阶段、巩固调整阶段和自我维持增长阶段、需要保持势头和"持续的再开发"阶段（Etzkowitz and Klofsten，2005；Oksanen and Hautamäki，2015）。结合上述基于多层次视角的资源型地区转型框架，本书的研究将推动资源型地区转型的过程分为创新生态微观子系统的组织涌现阶段、创新生态微观子系统的形成和新兴产业稳定阶段、技术创新广泛扩散和突破阶段、创新生态系统稳定并制度化阶段四个阶段。

（1）创新生态微观子系统的组织涌现阶段。资源型区域经济发展的特点是对资源型产业的单一依赖，使大量资源要素附着在资源部门身上，影响了要素的流动和转型。要破除资源优势陷阱，首先政府必须摆脱对传统经济发展方式的路径依赖，大力提倡变革与创新，尤其要鼓励具有创新性组织的涌现和激进式创新活动的涌现。通过创新生态微观子系统中创新资源的聚集、优化、配置，逐步形成创新主体合作共生、共同作用的更大规模的创新活动，促使资源型企业提高转型能力。

（2）创新生态微观子系统的形成和新兴产业稳定阶段。新兴产业涌现的创新活动虽然突破了受保护的技术领域，但是原有制度、体制、经济、文化已经形成了资源依赖的锁定效应。因此，此阶段必须大力促进非煤产业发展，促进各创新生态子系统中激进式创新活动的广泛扩散和突破。只有激进式创新活动形成新的知识体系，并逐渐形成稳定的发展轨迹，才能为资源型地区转型提供更加可靠的技术支撑。这一阶段的特点是创新会遭遇既得利益者的强烈抵制，从而导致各种各样的斗争（Geels，2014），直到现有的社会—技术制度体系也随之发生改变。

（3）技术创新广泛扩散和突破阶段。经过前期的积累，新兴产业的创新活动逐渐得到社会认可，并且以示范性创新生态体系为突破口，技术创新活动得到广泛扩散，区域创新生态体系逐渐构建。表现在经济方面，新兴技术与现有技术之间、新进入者与在位者发生正面竞争；政治方面，围绕规制、标准、补贴、税收等方面，部门间关于责任承担和优先事项等方面发生冲突和斗争。随着技术创新的广泛扩散，产业转型逐渐升级。

（4）创新生态系统稳定并制度化阶段。这一阶段，社会—技术系统发生替代，创新生态系统稳定并制度化。此外资源型地区转型还需要基础设施配套、规制、文化等的系统协同配合，才能突破路径依赖和制度锁定，实现资源型地区系统整体的变革与创新。

资源型地区创新生态系统演化是新旧产业交替、新旧创新物种更新、内外创新动力共同作用的结果。因此，不同于一般地区的创新生态系统的打造，是资源型经济与创新生态彼此消减、协同演化的结果。

三、山西创新生态系统演化的生命周期阶段划分

创新生态系统的内部因素和外部因素随着时间的推移呈动态变化，使创新生态系统的发展呈现阶段性，且每个阶段的创新核心主体和战略目标都不一样，因而其创新生态系统的构建路径也不一样。Hanks（1993）将这些阶段视为创新生态系统发展的生命周期，并将它们划分为出生、发展、成熟、蜕变和衰退五个阶段。Moore（1993）从其发展战略和发展劲头角度，将创新生态系统的发展阶段分为诞生、扩张、领导和自我更新（或死亡）阶段，各阶段侧重点不同，一步步推动创新生态系统的发展趋于完善。刘和东（2019）利用 Logistic 方程建立了高新技术产业集聚区创新生态系统生命周期模型，结合组织生命周期理论，将其划分为初创期、成长期、成熟期、衰退期。刘平峰等（2020）认为，创新生态系统种群共生演化轨迹符合 Logistic 增长规律，分为起步、成长、成熟和饱和四个时期。

综上所述，结合资源型地区创新生态转型过程和学者的现有研究成果，本书的研究将创新生态系统划分为萌芽期、发展期、成熟期、饱和或蜕变期（见图 9-2）。

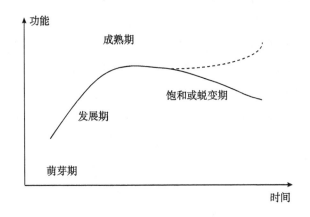

图9-2　创新生态系统演化周期

（1）创新生态萌芽期。创新生态萌芽期指的是创新生态初始出现并尚未引起各方关注的阶段。这一时期，信息渠道不足、创新资源稀少、产业基础薄弱是创新生态初级阶段的主要特征。此阶段的创新主体仍比较弱小，力量分散，互动交流匮乏，仅开始形成比较简单的市场合作关系。创新范式多以零散式创新为主，还难以形成知识和技术的溢出效应。各类创新要素虽然开始向中心集聚，但结构比较单一。企业多依靠自主发展，产业布局分散化。

（2）创新生态发展期。创新生态发展期指随着创新物种的数量和种类不断增加，创新物种之间的联系日益密切，不仅系统内物种数量得到发展和丰富，而且还吸引了系统外部的物种和资源进入，系统的自组织、自发展功能日趋强大。区域内经济基础、科技水平、政策优惠和基础设施的吸引力不断增强，围绕"创新中心"集聚了大量优质创新资源，规模经济和范围经济的正外部效应开始显现。围绕主导型的大学或企业形成良性互动和常态化合作，但此阶段资源总量仍相对较少，创新多为渐进性和模仿性，规章制度不够健全，系统内生长动力不足。

（3）创新生态成熟期。创新生态成熟期指的是创新生态的发展已具有一定规模，系统内外部各项制度与机制逐渐健全，系统功能逐渐趋于稳定，形成了超本地化的共生式的创新网络结构，同时伴随创新成果产出大幅增加，是创新生态的繁荣阶段。其特点是表现为创新的精尖化、市场的扩大化和复杂化、组织结构的稳定化。成熟期的创新范式由渐进性创新开始过渡到突破式创新，创新资源能够实现跨区域自由流动，集群共生式创新占据主流，创新效能得到快速增长。

（4）创新生态饱和或蜕变期。创新生态饱和期是指经历过经济快速增长的成熟期后，创新速度逐渐放缓，物种同质性增多，出现了行业饱和，企业兼并收购行为频繁。对原有技术路径的依赖、系统创新的困难，使企业滋生了技术惰性，进而陷入衰退期。此阶段如何通过变革重新获取创新要素，如何增加异质性主体，如何跨越临界点，建立新的平衡获得突破性创新，是衰退期系统演化的主要动力；另外创新扩散的范围达到某个均衡点后，维持在一个动态稳定的状态，遇到适当的机会再次进行蜕变，进入自我更新阶段。

创新生态系统演化周期见图9-3。

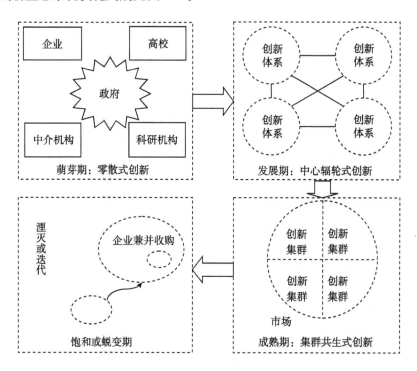

图9-3　创新生态系统演化周期

第二节　山西创新生态系统的演化路径

经过多年的发展，山西已经形成了门类齐全的工业体系，经济发展水平有了大幅度提高。但由于长期以来资源依赖的经济发展模式，出现了经济结构失衡、创新动力不足的问题，十分不利于经济的可持续发展。为此，政府认识到构建创新生态系统的重要性，根据《中华人民共和国国民经济和社会发展第十四个五年规划和 2035 年远景目标纲要》，山西省政府出台了《关于加快构建山西省创新生态的指导意见》《山西省"十四五"打造一流创新生态，实施创新驱动、科教兴省、人才强省战略规划》《山西省"十四五"未来产业发展规划》等一系列的创新规划与创新政策。这些规划为山西创新生态系统的构建指明了方向。

一、创新生态萌芽期

资源型区域的传统发展路径是以能源资源为基础，进行资源产业链条的延伸，由于基础薄弱，很容易受到经济周期的影响，加上对本区域核心技术和高水平人力资本的积累不够重视，导致区域产业转型并未以创新驱动为根本动力。资源型区域创新生态萌芽阶段主要特征包括：

1. 政策层面

由于资源型区域存在较多的创新不利条件，资源型区域处于创新生态萌芽期更需要政府的引导、支持、规范。创新政策处于创新生态规划和酝酿期，该阶段主要依靠政府的推动，表现为政府主导下的创新模式。

在创新生态发展初期，政府一方面需要开展有关的基础设施建设，搭建权威信息平台，为创新活动的开展打下良好的基础；另一方面政府制定出台促进创新生态的政策制度，如税收优惠、产业支持的相关政策，引进、培育更多创新主体，集聚更多优势资源和要素，通过逐渐平衡产业结构甚至向创新产业倾斜以摆脱资源依赖的困局。同时，政府还需要加强区域产业优惠政策宣传，使市场主体能够快速了解激励企业创新的相关支持政策，确保政策实施落地。

政府在此阶段要解决人才、资金等创新资源不足的问题，必须通过优化科技创新要素、资源协同提高区域凝聚力，为创新生态提供良好的政策保障。为了解决科技型中小企业高端人才不足的问题，政府要落实对科技型中小企业人才扶持政策，加大人才引进力度，对其引进高层次人才实施奖励和补助。资金方面，政府要加强科技金融资源聚集，努力改善科技型中小企业的融资环境，促进政府财政扶持政策的落实和金融支持体系的完善。

2. 科学层面

创新生态萌芽期的科学知识还比较薄弱，科学层面主要是促进产学研合作，开展学科交叉和科学前沿研究，增进知识积累、交换，进行高水平的人才储备，培植创新沃土，促进创新萌芽的产生。

3. 技术层面

创新生态萌芽期产学研合作很少，需要更多地促进高校和企业的融洽对接与合作交流，促进科技成果的产生。科技型企业还需提高自身的研究开发能力、技术创新能力和成果转化能力。只有自身素质和经济实力提高了，才能减少对外部技术引进的过度依赖。因此，技术层面需要尽快增强企业跻身市场的竞争能力，摆脱创新生态萌芽期的市场劣势。

4. 市场层面

创新生态萌芽期产业化水平较低，市场份额很小。因而，此阶段应做好市场调研，收集市场资料，为创新生态发展过渡到下一阶段积蓄力量。另外，萌芽期对互补组织资源的需求与获取是生态系统演化的核心动力，应该进一步促进区域市场的开放共享程度，促进与外部市场物质、能量与信息的交换，促进要素的自由流动。

二、创新生态发展期

创新生态发展期，是创新物种由单一化发展到多样化的阶段。随着网络物种数量的增加，一批中小企业的创新能力不断增强，逐渐成长为大型企业和创新型龙头企业。种群内部和外部产生的竞争协同效应促进了企业的优胜劣汰，驱动着创新生态向高阶生态演化。创新生态发展期，主要是市场和政府共同推动的创新替代模式。

1. 政策层面

创新生态发展期，政策层面应重点解决市场规则的制定和维护问题，降低实体经济制度性交易成本。政府可以采取一系列措施影响科技创新体系的运行，如制定创新生态战略和建设规划，确定战略性新兴产业的发展目标、主要任务和举措；对技术密集度高的产业给予政策和资金扶持，大力吸引资本、人才等创新要素集聚本地；构建创新载体，进一步加大科技创新的资金投入和 R&D 资金投入，拓宽融资渠道，允许社会资本进入创新领域；针对难以承担不确定市场风险而不敢创新的企业，政府通过制定出台支持企业科技创新、科技成果转化、知识产权保护、人才引进的相关政策条款，营造有利于企业技术创新良好的外部环境，降低企业的创新风险，促使企业开展有效的创新活动。

总之，在此阶段，政府应充分发挥在创新薄弱环节和共性关键技术领域资金支持的作用，通过政策体系的建设和政策环境的打造，整合创新资源，打造新产业、新业态、新模式。

2. 科学层面

科学层面，创新生态发展期区域创新目标更加清晰，网络合作比萌芽期更加频繁。此阶段科学层面的主要任务是加强基础科学的合作，加大对科技创新合作专项、大科学工程、科技合作基地等的经费投入，提高创新生态系统的科学知识水平。

创新生态发展期还需要打造以企业为基础核心的创新平台，建立开放的创新体系。人才是创新平台的灵魂，科学知识的创新是技术创新的基础和源泉。创新平台要以企业为中心，协同高校、科研院所、中介等其他机构，吸纳外部资源和知识实现源头创新。例如，建设国家重点实验室、技术中心等创新平台，打造技术开发、人才凝聚的有效载体。

3. 技术层面

创新生态发展期，新技术的目标受众继续扩大，技术能力的增长以及相关技术设施的建设推动创新生态系统释放发展动力。创新生态发展期技术层面需要加大研发投入，给予关键共性技术和"卡脖子技术"更多的支持；要进一步加强产学研合作，引导高校和科研机构积极加入创新体系，拓宽产学研合作渠道，围绕重点领域推动关键核心技术协同攻关。

4. 市场层面

步入发展期，市场层面的主要任务是构建产业创新生态系统的创新链、服务链，提高链条各节点的流转效率。政府除了要继续加大对重点产业的支持力度外，还需要遵循市场规律，尊重创新主体的创新自主性和能动性，发挥市场在资源配置中的决定性作用。要发挥市场对技术研发方向、路线选择、要素价格、各类创新要素配置的导向作用，让市场真正在创新资源配置中起决定性作用。

三、创新生态成熟期

随着创新生态的持续演进，创新生态系统覆盖至更广的地理范围和产业范围，市场进一步扩大化和复杂化，各类创新要素加速集聚，互动频繁；创新主体间资源共享、配置更为高效；创新生态系统创新链合作向创新集群的网络合作转变，协同共生演化效应明显。该阶段的重点是促进创新主体间的稳定性强链接，发挥集群效应，加强持续性原始创新。

1. 政策层面

创新生态成熟期，政策的作用应定位在以恰当的政策和制度维护既有的市场秩序和市场规则，努力降低交易成本。例如，通过诚信制度建设弘扬科学精神，通过知识产权制度的建设提高知识产权违法成本，营造良好的学术环境和营商环境。

创新集群是创新生态"雨林生态特征"的高阶进化产物，也是实现区域经济高质量发展的必由之路。成熟的创新生态系统往往以创新集群为基础，以制度建设和机制创新带动知识和信息的快速流动，带动创新成果的转移转化。在此阶段，需要构建协同开放的区域集群网络，充分发挥集群效应。政府除了需要出台促进科技创新的政策规章外，政务服务体系的提升也是创新主体关注的重要环节。政府通过提升政府服务水平和治理效能，用精准高效的服务、公平竞争的市场环境，营造良好的创新创业生态。

2. 科学层面

成熟阶段，科学创新生态系统方面体现为知识水平更加先进，与产业界及国内外科研机构的合作更加密切，并且通过参与国际交流与合作，在全球科技合作中的地位进一步提升。此阶段，应该进一步促进科技资源的共享，推动开放的科学交流，采取多种手段促进知识成果的形成、传播与应用。

3. 技术层面

创新生态成熟期，技术迭代的频率更高，老旧技术逐渐被淘汰，新一代的技术得到进一步验证与扩展。创新生态系统整体功能的相互依赖程度进一步加强，在大数据、云计算等的支持下不断催生出大量的新兴技术群。经过集聚耦合，技术革新速度加快，突破性技术创新更容易发生。当新兴技术的实际效益得到证明和认可后，越来越多的企业感到可以接受当前已经大幅降低的风险水平，新技术的采用率开始快速提升，推动了技术成果的产业化和商业化。

4. 市场层面

创新生态成熟阶段，已经形成了一批市场占有率高的知名品牌，更加重视以外部市场为主体的市场调节效应和反馈作用，市场主导的创新生态系统模式基本形成。

此阶段政府力量、行政手段应该让位于市场体制主导作用的发挥。政府的主要任务是一方面通过产业规划和基础设施建设引导产业集聚与耦合，促进基于区域创新集群的创新生态系统更好的发展壮大；另一方面要重点完善市场环境，充分借助市场内在的责权利界定、分工合作、竞争互促的机制，促进资源的充分使用与市场化配置。此外，政府还应进一步完善法治环境，加强科技创新政策的衔接配合，发挥协作或组织方面的促进和带动作用。

四、创新生态饱和或蜕变期

任何系统都会经历一个从诞生—成长—成熟—衰亡的过程。创新生态趋于饱和期，这时市场达到最大承载力，部分行业趋于饱和，随之而来的是市场竞争异常激烈，企业间兼并、收购行为大量出现，许多小企业不得不退出市场，往往只留下少数几家大企业。因而，属于湮灭模式或迭代的创新生态系统模式。

1. 政策层面

政府应重点解决创新生态系统的稳定性和灵活性问题。创新生态系统的稳定性是外部创新环境发生较大波动时，系统能够不受影响，继续保持正常运行并持续发展的能力，或消除外部不利因素后系统能够恢复原有运行状态的能力（王宏起，2020）。

为了维持创新生态系统的可持续性，需要一套新的生态机制平衡和宏观政策调控，防止创新生态系统的衰退。政策层面可采取的做法有：①通过政策手段打通产业链上下游，加强创新主体间的稳定性链接，增强产业链韧性，防止产业链的迁移；②进一步鼓励原始创新，加快部署重点产业创新链，促进创新链与产业链深度融合，从源头上将产业链的关键环节留在国内；③挖掘行业潜力，实施创造性变革，通过新的组织模式促进各种新业态不断培育壮大；④建立和完善创新生态系统运营和治理体系。通过本地部分典型创新模范区的带动作用，以及与其他如京津冀、长三角等地的联动发展，推动形成更大创新生态系统的互惠互利共赢新格局。

2. 科学层面

此阶段科学层面的主要表现为，尽管创新生态饱和或蜕变期科学知识的创造水平突出，但囿于创新环境的趋于恶化，知识扩散能力有限，创新能力有所下降。面临被其他经济实力、创新能力更强的地区替代的风险。

3. 技术层面

随着科技的发展，部分老化产品在市场上丧失竞争能力，可能被更先进的技术所替代，进入技术及产品的更新迭代期。在这种情况下，有条件的企业可以采用维持策略，为创新生态系统的复苏、更新做准备；还有一部分企业可能需要适当收缩或撤退。

4. 市场层面

中西部地区相比东部地区的劣势在于内部市场规模不够大，创新生态系统发展后劲不足。随着区域创新生态系统的饱和，重要的举措是要化解恶性竞争，促进要素跨界流动和高效配置，打破时空限制，清除各种阻碍创新要素流动的市场壁垒，建立健全现代化的技术市场服务体系。

总之，创新生态系统的演化依赖于政策层、科学层、技术层和市场层的联动协同发展，通过演化周期的四个阶段的协同演化推动创新模式的更替。如表9-1所示。

表9-1　创新生态系统的阶段演化路径

不同层面	创新生态萌芽期	创新生态发展期	创新生态成熟期	创新生态饱和或蜕变期
政策层面	创新生态政策规划和酝酿期	创新生态规划政策制定，确定发展目标及任务	创新生态政策密集出台，提升政府服务水平和治理效能	重点解决创新生态系统的稳定性和灵活性问题
科学层面	科学知识薄弱	区域创新目标更加清晰，网络合作比萌芽期更加频繁	合作网络密度增大	科学知识的创造水平突出，但知识扩散能力有限，创新能力有所下降
技术层面	产学研合作较少	新技术的目标受众继续扩大，技术能力有所增长	技术能力增强，创新生态自组织成长，突变性技术创新更易发生	进入技术及产品的更新换代时期
市场层面	产业化水平低，市场份额小	市场规模高速增长	持续增长	增幅有所下降
总体策略	表现为政府主导下的创新模式	通过市场和政府共同推动激发自身的创新机制	通过市场机制引导产业集聚与耦合	通过机制协同构建更高级的创新生态系统

资料来源：根据研究结果分析整理而得。

当前，山西科技创新生态系统建设正处于初级阶段（宋建平和郭明敏，2018）。为了更好地促进创新生态系统向高阶段形态演化，山西省政府应积极发挥引导作用，加快创新生态建设的决策部署。结合山西创新生态系统的阶段演化路径和《山西省国民经济和社会发展第十四个五年规划和 2035 年远景目标纲要》《山西省"十四五"未来产业发展规划》《山西省"十四五"专项规划》《山西省"十四五"打造一流创新生态，实施创新驱动、科教兴省、人才强省战略规划》绘制山西省创新生态系统演化路径，如图 9-4 所示。

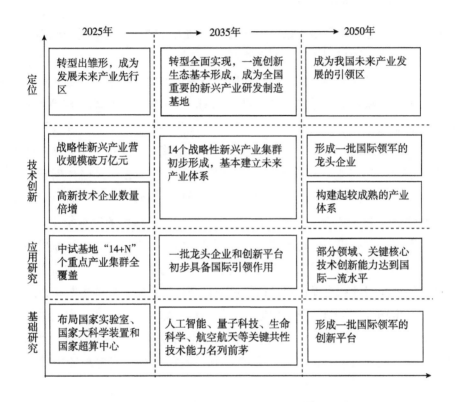

图 9-4　山西创新生态系统的阶段演化路径

资料来源：根据研究结果分析整理而得。

第三节　山西创新生态系统的演化机制

创新生态系统是一个非线性耗散自组织共生系统，具有类比生态系统的递进演化机制（刘平峰和张旺，2020）。结合资源型地区经济特点，从中归纳提炼出山西创新生态系统的六大演化机制，包括转型动力机制、创新资源配置机制、创新主体激励机制、产业替代选择机制、创新平台协同机制、系统运行保障机制。推动创新生态系统由低阶生态系统向高阶生态系统演化。

一、转型动力机制

推动资源型地区创新生态系统演化的转型动力机制分为政策促动机制、市场推动机制、技术拉动机制和环境驱动机制。

第一，政府推动是创新生态构建初期的重要推动力。由于转型经济中，政府对规制政策和稀缺资源有重要影响（Zhou et al.，2017），政府掌握控制着大量矿产资源和企业经营的诸如土地、资本、基础设施等关键生产要素；在发展规划制定方面，政府在预测经济和产业发展趋势上更具前瞻性，通过区域创新战略规划的制定设定创新生态系统建设目标，引导创新生态建设方向，培育创新生态环境；在创新投资方面，政府投资具有引导放大效应，能够撬动更多社会资金扩大基础设施建设、加大高技术产业投资，为创新活动奠定雄厚的资本条件；在创新过程中，政府可以运用多样化的政策工具刺激、引导创新主体聚焦于政府重点支持的产业方向，同时还可根据环境的变化进行系统的调整。因此，创新生态系统中，政府的创新引领和支撑作用是持续推进创新生态系统演化的主要动力。

第二，市场推动机制。资源型地区，较为单一的人才、产业、市场结构已成为资源型城市创新发展的桎梏。加快实施创新驱动战略，就一定要破除创新的制度藩篱，需要建立市场导向的科技创新体系，发挥市场在资源配置中的决定性作用。

第三，技术拉动机制。资源型地区创新生态系统的形成与发展，关键的驱动力在于科学技术的广泛应用与新兴产业的高质量发展。在技术拉动机制中，发挥重要作用的是领先的核心技术。企业作为创新的主体，只有大量企业从事能够带来生产力跃迁的创新活动，掌握更为领先的技术，提升研发创新成果的能力，才能够促进创新生态系统发展的可持续性。资源型地区创新生态系统的构建也必须激发涌现一批创新创造能力卓著的核心企业，依赖于核心企业的战略引领、资源支撑和技术拉动，推动创新生态系统的良性循环。

第四，环境驱动机制。创新环境包括基础设施环境、金融环境等。交通设施的完善缩短了区域的物理距离，促进了区域的连接与合作，5G技术的发展带动和提升了社会进程与产业的发展，成为省域高质量发展和转型的保障条件；金融环境的完善不仅拓宽了企业的融资渠道，满足了企业创新发展对资金的需求，而且构筑规范、有序的金融生态体系本身就是区域创新生态不可或缺的一部分。

二、创新资源配置机制

构建良好的创新生态系统还需要建立有效的创新资源配置机制。资源型地区缺乏创新驱动的科技能力支撑，缺乏对资金、技术、高精尖人才等创新资源的吸引力，由此成为经济发展的短板所在。在新时代背景下，区域协调发展进入新阶段，资源型地区应抓住这一重要契机，在更大区域空间范围进行资源的配置，引导区域外优质创新资源向区域内集聚，提供引进人才的科研环境和配套资金支持，并着力加强交通基础设施和物流体系建设，降低运输成本，提高运输效率，为区域间物资、人才、金融资源高效流动提供充足的软硬件支撑。

首先，针对创新资源不足的问题，创新资源的开放和自由流动是增加资源积累的重要条件。一方面需要加强资源积累；另一方面需要提高资源利用率，促进资源的流动，避免科技资源的闲置（王宏起等，2018）。在建立区域体系和组织体系的基础上，发挥区域体系的连接功能和组织体系的协同功能，实现创新要素的自由流动。同时，资源流动也需要在自身资源积累到一定程度的前提下才能实现。只有自身拥有大量有价值的创新资源，才能实现价值的传递和交换；只有自身创新市场强大完善到一定程度，才不会使本地培育出的创新要素在开放的环境下流失到基础设施更好的发达地区。

其次，针对资源配置分散的问题，需要建立公共财政的引导和资助体系，提高对创新资源的配置效率。可采取的做法有：①打通传递渠道，获取创新主体对资源的需求信息，对主体需求进行反馈；②排除沟通障碍，突破行政藩篱，加强国内国外跨区域交流；③建立传递机制，构建资源共享平台及创新载体，优化创新体制机制。只有在更广大地域内推动产业链资源集聚、整合，才能保持竞争活力，赋能产业发展。

最后，针对创新投入不足的问题，政府可以通过支持各类企业开展研发活动，加强产业技术创新战略联盟建设，加大对企业研发投入的支持力度。同时，企业内部要通过有吸引力的薪酬体系和人才引进条件加强科研人员激励力度，增强企业核心竞争力。

三、创新主体激励机制

创新生态系统的构建，归根结底要通过调动创新主体的积极性来实现。政府层面主要是出台产业、财税、金融、人才等多方面的政策，引导和调动各行各业的从业人员积极开展技术创新活动，形成激励创新、充满活力的制度安排，激发全社会创新活力。

企业层面的激励机制主要是强化企业的创新主体地位，应发挥大型企业创新骨干作用，激励中小型企业创新活力。产业链中的核心企业更有资源和能力推动创新生态系统的发展，应充分发挥核心企业战略的引领作用。

强化科技成果的转化应用，构建以企业为主导的创新成果转化机制，积极搭建科技成果转化中介服务平台，不断提高技术研发成果资本化、商品化、产业化水平。同时大力发展技术市场，健全新技术转化应用风险投资机制，降低企业的科技创新成本，分摊科技创新风险。

激发和调动高等院校、科研院所、广大科技工作者的创新积极性。高校和科研机构对科研团队和科研人员不论是否取得创新成果，都应给予一定的物质和精神奖励。创新活动是高度不确定性的实践活动，通过对科研人员劳动价值的肯定可以减少创新失败风险带来的心理压力，鼓舞和激励创新主体不断进行创新探索，保持创新的热情和活力。

四、产业替代选择机制

创新生态的形成过程也是传统产业和新兴产业相互博弈的过程，存在诸如正反馈效应、路径依赖、锁定和结构不可逆性等复杂的互动关系。新老产业的更新迭代、新旧动能的转换，推动传统产业和战略性新兴产业从并存阶段，逐步过渡到战略性新兴产业成为引导经济社会发展重要力量的阶段。

作为资源型地区，山西已经出台了资源型经济可持续发展的文件和政策，培育了本地高新技术产业和新型支柱产业，逐渐减轻对资源的依赖程度，致力于实现经济的高质量、高速度转型。转型需要多主体、多层面推动，涉及经济转型、结构转型、资源配置转型、生态转型多方面的转型：①经济转型是基于差异化的增长率而产生的经济结构性变迁；②结构转型是根据新的地区增长点，通过合理布局产业及行业结构，延伸产业链条，培育接续产业和替代产业，推动产业结构逐步优化；③同时转型还涉及资源配置模式的变化，技术、制度等要素推动高效率企业快速扩张，低端低效企业的收缩淘汰，使创新系统更能适应区域发展战略的需求；④资源型地区转型背景下的创新生态演化还包括推进产业生态化转型，原有资源型传统行业兼并重组或自然淘汰，新兴绿色创新产业得到培育与发展。

五、创新平台协同机制

资源型地区可以构建一个独特的协作生态系统，与传统的只有供给与需求参与的双面市场不同，资源型地区创新生态系统包括生产者、工业、大学和研究机构、硬件设施、研究中心、创业孵化器、创新园区等。Iansiti 和 Levien（2004）指出，生态系统中的不同角色有关键角色、主导角色和小生境参与者的区分，不同参与者通过搭建共享技术和运营平台为客户提供一整套的技术解决方案。构建产业、企业、平台、人才、载体、金融、政策等在内的科技创新生态系统，需要完善各创新组织之间的组织协作和运行机制。

首先，围绕企业主体构建创新链上下游的协同机制。企业作为创新应用者和消费者，高校、科研机构作为创新生产者，须与政府、市场、客户等积极协同，建立共生竞合的创新体系，进而形成开放复杂的创新系统。中介机构要做好上下游的连接工作，同时做好资源的整合和传输。良好的中介机构可以加快资源的流动速率，为其他主体进行良好的服务。创新平台、创新载体是培养创新人才、集聚创新资源的重要抓手，是推动科技进步与创新的基础支撑。只有企业、高校、科研机构三个创新主体与政府、金融机构、中介组织、创新平台、非营利性组织等为辅助要素形成多元主体协同互动的网络创新模式，通过知识创造主体和技术创新主体间的深入合作和资源整合，才能产生系统叠加的非线性效用。

其次，构建创新生态系统内外部的协同机制。创新生态系统外部的网络为创新主体提供了多样化的资源，创新主体通过主体间的能力匹配和动态学习机制，以及系统外的知识溢出来提升自身的知识吸收能力和创新能力。要想持续获得系统外部的优势资源，就必须不断增强自主创新能力，开展平等互利的交流合作，有利于构建更开放、更广阔的创新网络。

六、系统运行保障机制

为了保障创新生态系统的高效运转，还需建立协同创新主体和创新环境，包括人才、服务、金融等在内的保障机制。

（1）完善人才引进管理保障机制。高端制造等科技创新要求在更高端领域吸引充足、高端的人才供给，而当前的保障机制尚不完善，在人才流动中还存在体制的壁垒，不同部门出台的人事制度衔接不够通畅，亟须通过政府的统筹规划、长效激励制度加以落实、保障。

（2）要完善新型基础设施建设保障。打造公共服务供给体系，以"网络化+""智能化+""数字化+"等手段推动政府数字化转型，推动创新主体开展新产业、新业态、新经济创新，为创新创业企业提供土地、能源、税收、融资、政策等方面的配套服务支撑，营造公平竞争、便捷高效的营商环境。

（3）完善创新中介服务保障机制。支持科技中介服务机构建设，制定中介机构的发展规划和监管机制，明确中介机构的服务规范，健全科技服务体系，提升中介机构的服务水平。

以上六种创新生态系统演化机制见图9-5。

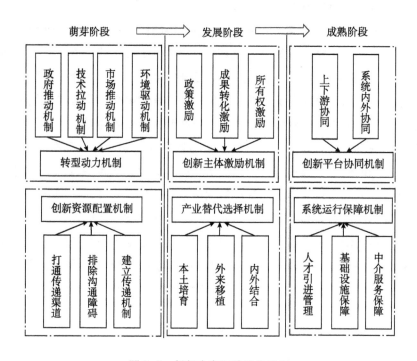

图9-5　创新生态系统演化机制

资料来源：根据研究结果分析整理而得。

山西创新生态系统在不同的演化周期阶段发挥主导作用的机制也有所侧重。萌芽阶段的运行机制主要为转型动力机制与创新资源配置机制；发展阶段的运行机制主要为创新主体激励机制与产业替代选择机制；成熟阶段发挥主导作用的运行机制为创新平台协同机制与系统运行保障机制。

同时，创新生态系统的演化机制是在国家创新战略目标引领下，区域、企业、市场、环境层面微观活动相互关联、相互促进、相互适应的结果。总之，只有通过以政府和企业作为核心主体的各种机制的协同联动、有效运转，才能保障创新生态系统持续优化，促进区域经济协调可持续发展。

第十章 山西创新生态系统构建对策及子系统耦合策略

创新生态系统构建是一个漫长且复杂的过程，需要系统内各参与主体明确定位，各尽其职，需要政府统筹规划、组织引导；需要企业重视研发，推陈出新；需要高校与科研机构持续提高科技创新能力，提高创新成果转化率。本章主要从政府、企业、高校与科研机构几个重要创新主体出发，提出各参与主体在构建山西创新生态系统过程中的对策建议及子系统相互耦合的策略。

第一节 优化创新生态运作子系统，赋能经济高质量发展

创新生态运作子系统的核心是促进规模以上工业企业和高新技术企业的创新活动，它们是创新创造的主力军，是推动区域经济高质量发展的核心力量。以下将从培育壮大企业创新主体，推进产业集聚发展；强化企业研发投入，增强科技创新能力；明确市场需求导向，提高科技成果转化能力；以产业集群培育为主线，深化产业链一体化程度；打破路径依赖惯例，引导资源型企业转型五方面提出优化创新生态运作子系统的举措。

一、培育壮大企业创新主体，推进产业集聚发展

加大高新技术企业培育力度。建立梯度培育制度，鼓励高成长科技型中小企业申报认定高新技术企业。通过信贷风险补偿、贷款贴息、科技保险等方式，降低高新技术企业及后备高新技术企业融资成本。建立服务工作机制，对纳入后备上市企业的高新技术企业及后备高新技术企业实行绿色通道专项服务，为企业解

决上市中的问题提供"一对一"的服务。引导高新技术企业提能力、上规模，培育一批掌握核心技术、富有竞争力和市场活力的创新型领军企业。推进各创新领军企业采取"一帮一""一帮多"等方式，带动本行业内企业加快创新活动的开展。

大力培育科技型中小企业。对高成长科技型中小企业实行动态跟踪和服务管理，支持企业加强研发管理、提升创新能力。建立从初创期、成长期到发展壮大期的全程跟踪服务机制，为企业提供精准的综合性科技创新服务。借助孵化培育、金融服务、创新创业大赛等功能平台，结合科技型中小企业创新发展需求，提供规划、政策、项目、人才、融资等靶向服务，促进重点企业增强创新能力，实现跳跃式发展。

推动产业集聚集约发展。通过"个转企、小升规、规改股、股上市"等措施，推动企业主体规模壮大。加快创新生态系统内大企业和大集团的培育，促进"专精特新"中小企业的成长，实现大中小企业融通发展。突出主导产业特色，完善产业配套体系，壮大主导产业规模，深化业务关联、链条延伸，推动产业集聚集约发展。

二、强化企业研发投入，增强科技创新能力

加大对企业研发投入的支持力度。推动规模以上工业企业创新全覆盖，着力支持各类企业开展研发活动。落实好研发费用加计扣除、重大技术装备首台套、新材料首批次、软件首版次保险补偿等企业研发投入激励政策，支持企业开展技术、产品、服务创新，以及生产方式、组织方式、管理方式和商业模式等创新，推动企业迭代创新和全面创新，增强市场领导力。对于省属国有企业应通过设定其研发投入比例下限，带动本行业其他企业加快创新活动开展。

引导和鼓励高校、科研院所、区域行业创新平台等以非营利方式向中小企业开放科研基础设施、大型科学仪器设备。组织实施一批前沿核心关键性技术攻关项目，带动产业升级。支持企业创建国家级、省级（重点）企业研究院、企业研发中心、企业技术中心、工程中心、重点实验室等研发机构（平台），鼓励企业参与制造业创新中心建设，提高企业研发能力。

提高科研经费投入力度。各级财政应增加对高新技术企业创新平台建设的优惠力度，适当扩大国家科技园和科技孵化器以外的省级科研创新平台税收优惠政策；对企业的研发和生产设备投资实施减免优惠，加大对高新技术企业的

资金投入力度。

三、明确市场需求导向，提高科技成果转化能力

强化企业科技成果转化主体地位。围绕山西经济高质量发展的现实需求，强化重点领域和关键环节系统部署，引导高校、科研院所瞄准国家战略及企业市场需求，开展各项基础研究和应用研究，促进产生更多有价值、可转化的科技成果。发挥企业家探索组织、引领科技成果转化的关键作用，一方面鼓励企业加强内部研发，加快自主创新成果产业化；另一方面加强高校、科研院所科研成果向企业转移扩散的机制，支持企业引进国内外先进适用技术，开展技术革新与改造升级。

建立以需求为导向的科技成果转化机制。加强产学研联盟，构建企业与高校合作的公共技术平台，共同开展研究开发，推动重大关键技术成果的应用与推广。强化科技成果中试、熟化，依托企业、高校、科研院所建设一批聚焦产业细分领域的科技成果中试、熟化基地，促进技术成果规模化应用。支持企业牵头，联合高校、科研院所等共建产业技术创新战略联盟，以技术交叉许可、建立专利池等方式促进技术转移扩散。

健全以价值为导向的成果转化激励机制。对于做出贡献的科研骨干人员，通过职务发明创造由单位和职务发明人共同所有的方式，调动科研人员积极性。允许管理人员、科研人员以"技术股+现金股"组合形式持有股权，与孵化企业"捆绑"形成利益共同体，从而提升科技成果转化效率和成功率。

强化政府科技成果转化公共服务功能。发挥政府对科技成果转化的引导作用，加快设立创业投资引导、科技成果转化、知识产权运用等专项资金，健全和完善科技成果转化平台、技术经纪人队伍和技术交易市场，营造科技成果转移转化的良好环境。

四、以产业集群培育为主线，深化产业链一体化程度

面向未来全球产业链集群的竞争，山西当前正加快新兴产业集群化发展的战略部署，全面打造 14 个标志性引领性新兴产业集群，已经出台了《山西省打造优势产业集群 2018 年行动计划》《山西省电子信息制造业 2020 年行动计划》《山西省千亿级新材料产业集群培育行动计划（2020 年）》等战略规划，下一步需要加强规划引领，鼓励太原—忻州半导体产业集群、长治—晋城光电产业集

群、新材料产业集群等战略性新兴产业集群优先发展，促进传统优势产业集群转型升级，提高产业集聚水平，打造基于产业集群的创新生态体系。

积极实施产业链配套集聚工程。实施龙头企业引领工程，面向现有龙头企业配套需求，制定产业链上中下游关键环节补链清单，立足国际、国内寻找目标企业，开展精准招商和企业培育。以龙头企业引领工程为抓手，结合山西的产业集群发展现状，实施产业链一体化创新生态配套专项行动，加快推进"龙头企业+研发机构+配套企业+产业基金+政府服务+开发区落地"的产业创新生态圈建设，进一步促进产业链的拓展延伸、建设补充，形成从上游原材料、中游深加工到下游终端生产的全产业链，提升产业链整体竞争力。

五、打破路径依赖惯例，引导资源型企业转型

以创新驱动引领产业转型升级，应明确资源型企业在本区域技术创新体系中的地位和作用，构建符合资源型产业转型发展特点的技术创新模式。鼓励建立产、学、研相结合的技术创新体系和产业内部的技术协作平台，加快研发人员和技能型人才的培养，提升资源型企业的技术创新水平。加大企业的 R&D 经费和开发新产品经费的投入力度，增强企业的科技自主创新能力，提升企业的科技产出水平。围绕技术创新延伸产业链，重点延伸"煤—电—铝、煤—焦—化、煤—气—化、煤—电—材"等资源循环产业链，提高资源型企业产品的附加值水平和市场竞争力。鼓励资源型企业改进生产技术和工艺设备，研发新技术和新材料，降低生产能耗，提升资源利用效率，增强基于技术创新的核心竞争优势。

推动龙头企业股份制改造力度，提升企业治理水平，积极筹备企业登陆资本市场募集更多企业发展所需资源，从而帮助龙头企业加快扩张和发展。通过支持有条件、有实力的企业实施股权改革，推进兼并重组，实行环境治理倒逼机制，引导中小企业加入大企业生产体系，从而推动规模企业向大型企业集团发展。通过调整集群内国有银行的资金扶持方向，并对中小企业互助担保机构给予政策扶持，双管齐下，缓解中小企业融资难的问题，助推中小企业尤其是高新技术企业迅速发展壮大。

第二节　优化创新生态研发子系统，
强化创新源头供给

创新生态研发子系统主要由高校和研究与开发机构构成，是创新生态系统的主要人才和技术来源。优化创新生态研发子系统，激发高校和科研机构的研发意愿和研发活力，才能强化原始创新，增强源头供给。以下将从推进高等院校质量提升，增强科学研究能力；深化科研机构体制机制改革，提高科研机构创新绩效；引进与培育高端人才，完善人才激励机制；拓展产学研深度合作空间，促进深度融合四方面措施提出优化创新生态研发子系统的举措。

一、推进高等院校质量提升，增强科学研究能力

大学在地方创新生态系统和知识经济的发展中扮演着关键的角色。面对山西高校数量、质量均低于全国平均水平，创新人才培养不足的困境，山西亟须提升高校教育质量，补齐发展短板。一方面要扩增高等院校数量，积极对接 C9 高校和中科院等科研机构，争取来晋设立分支机构；另一方面要增加与高水平科研院校和科研机构的合作交流程度，积极提升科研水平和科研成果质量。强化高校院所在基础前沿、行业共性关键技术研发与公益服务中的引领作用，瞄准科技前沿方向，结合山西优势领域，突破一批关键科学问题，取得一批重大原始创新成果。

逐步增加财政投入，探索多元化投入机制，加大对高等院校的支持力度，构建面向重大关键科技问题的研发平台，培育跨学科、跨领域的科研团队。进一步加快一流大学和一流学科建设，重点支持一批具备较强竞争力和影响力的优势高校和学科，推动部分优势学科进入世界一流行列。

同时，高校自身要积极融入区域创新生态圈，利用好创新生态圈中的资源与政策支持，促进高校科研成果市场化，提升科研成果转化效率。改革完善科研考核评价制度，进一步完善职称评审制度，从而激发科研人员的科研热情。

总之，高校要从人才培养、学科建设和科学研究综合改革入手，构建多方参与的协同育人生态、共荣共生的创新创业生态。

二、深化科研机构体制机制改革，提高科研机构创新绩效

科研机构是创新之"锚"，但科研机构的集聚只是基础，通过公共政策激发科研机构在创新生态系统中的作用才是关键。

公益性科研机构的首要任务是向社会提供公共服务，应注重创新绩效与公益性评价相结合。对科研机构的创新能力、完成公益性任务情况、开展公益性服务情况进行全方位评估，政府部门将之作为科研投入调整、人员结构分配、公益性科研任务支持方面的重要依据。

加快建设新型研发机构。公益性科研机构向转制院所转制须适应市场经济要求，对内部管理制度进行改革，对转制院所的研发和服务功能予以支持。鼓励转制院所建设众创空间、孵化器等创新型服务平台。重视应用型研究成果，对于转制院所承担的产业基础技术、共性技术和前瞻技术的研究开发及专业技术服务等公共职能及准公共职能，根据绩效评价情况给予相应支持。支持大型骨干企业，整合科研院所、高校研发力量组建产业研究院等"投资主体多元化、管理制度现代化、运行机制市场化、用人机制灵活"的新型研发机构，打造具有山西特色的产学研融合实验室和新型科研组织模式，推动面向产业发展的科技研发与产业化。

科研机构要把创新体制机制作为事业单位改革的关键与核心要求。对于重大科研与基础能力建设等项目，要加强统筹规划，瞄准世界科技发展前沿，紧密结合国家发展实际需求，广泛采用多样化的科研组织形式，赋予科研组织业务部门较大的经营生产自主权，通过提存或利润分成方式激发创新活力。在管理机制上要引入竞争机制，通过竞争上岗、择优录取，挑选德才兼备的人才分配到合适的岗位。加强对员工的管理知识、技能、效率的考核，将考核成绩和聘用、奖惩结合在一起，通过竞争机制和动态管理的用人机制，提升科研管理水平。通过重视科技事业单位体制改革，重视绩效评价依据来激发科研人员的创新活力。

三、引进与培育高端人才，完善人才激励机制

针对高层次人才缺乏的问题，高校与科研机构要进一步强化"高精尖缺"人才精准引育。聚焦重点产业领域，探索高校联合实验室、产业创新研究院建设，培养创新型技术管理人才。在重点产业园区、行业龙头企业、转型领域重点企业等加快建设院士（专家）工作站，支持院士在高等学校设立工作站，联合

开展前瞻技术研发和人才培养，重点培养一批战略科学家、科技领军人才和青年学术带头人。

实行更有竞争力的创新人才吸引制度。依托"111""1331""136"等重大工程和正在布局的重点实验室、技术创新中心、科技成果产业化基地等重点平台引才聚才。鼓励高端创新人才向工业园区、产业园区集聚，为各类人才干事创业提供发展平台。建设山西人才共享云平台，利用互联网高效匹配人才需求，引进与培育一批服务省内创新需求、专业特色突出的高端特色智库。

完善人才激励机制。加快社会保障制度改革，促进科研人员在科研单位、高等院校与企业单位之间更高效便捷的双向流动。提高科研人员成果转化收益比例，加大科研人员股权激励力度，对领军人才和创新团队探索实行年薪制、协议工资、项目工资和股权、期权、分红等多种分配方式。改革科研成果评价制度，破除"四唯"倾向，强化结果导向，建立成果奖励、项目奖励、特殊津贴相结合的优势人才支持激励体系。鼓励高校、科研院所、企业完善科研人员收入分配政策，依法赋予创新领军人才更大人财物支配权、技术路线决定权，提高科研人员创新动力。

四、拓展产学研深度合作空间，促进深度融合

搭建产学研合作平台。加强企业与高校、科研机构的合作交流，将科研人员的研发同企业的实际生产紧密相连、相互促进，精准科研成果转化，实现技术创新。山西支持各类创新主体建设企业技术中心、工程（技术）研究中心、产业技术联盟、院士工作站、双创联盟等。支持产学研深度合作，加快发展产业技术研究院、联合实验室、科技创新中心等新型研发机构。立足资源禀赋和特色产业，推进大科学装置建设和新型基础设施建设，建设国家级重大科技基础设施，构建覆盖标志性引领性产业集群，贯通基础研究、应用研究和技术创新各环节的创新平台基地和创新平台体系。

促进产学研深度融合。在产学研合作的过程中，企业从高校和科研机构获取互补性的知识、技术、资源等，有利于企业开发新产品或服务，促进企业的技术精准变革及创新绩效增长。以企业的技术需求为导向，完善合作内容，丰富合作形式，全方位规范产学研合作体系，加快科技成果转化速度。借助互联网搭建开放式创新合作平台，促进企业与高校、科研院所共享知识和技术。建立人才实训基地培养更贴近实际需求的人才，建立产学研合作基地助推技术攻关和理论研究。

第三节　优化创新生态支持子系统，
提升创新服务能力

创新支持子系统主要包括政府、中介机构和科技孵化器，它们是创新生态系统网络协作的重要支撑力量。以下将从强化创新生态布局顶层设计，加强组织领导与任务落实；打造科技创新平台承载体系，提升平台综合服务能力；拓宽融资渠道，完善财政金融支持体系三方面措施提出优化创新生态支持子系统的举措。

一、强化创新生态布局顶层设计，加强组织领导与任务落实

创新生态系统是一个包含着政府、企业、高校与科研机构，以及中介服务平台等参与主体，通过相互间的影响机制形成的共生共荣的生态圈落。而政府的行动和政策在刺激创新和丰富创新生态系统方面发挥着积极的作用，是创新生态系统得以有效运行的保障。

针对创新制度供给不足、创新协同体系不完善的问题，政府需要进一步加强创新生态布局顶层设计，健全创新政策体系，综合统筹、综合施策。2021 年，山西省政府出台的《山西省"十四五"打造一流创新生态，实施创新驱动、科教兴省、人才强省战略规划》是关于未来五年创新生态打造实施的战略目标。应根据创新生态发展规划，分解山西"十四五"期间的阶段性工作任务，并提出具体的实施细则，包括构建产业集群创新生态、打造创新生态技术体系、拓展激活创新人才队伍、增强财税金融对创新的支撑、改革重塑创新制度文化的工作重点与评价准则。下一步应进一步完善不同维度相关政策内容的发展规划、实施细则、技术规范，完善创新生态政策体系（张爱琴和郭丕斌等，2020）。

明确创新生态打造作为基础性、全局性的战略性任务，在强化顶层设计和统筹规划的同时，还需要加强"底层设计"。构建"战略研究—规划部署—任务布局—组织实施"的有效衔接机制。高效配置现有资源，优化结构布局，破除制度障碍，打通各创新主体间的合作障碍，加强不同部门的协同配合，帮助创新主体提升创新的能力与动力，确保将创新生态战略落到实处。

二、打造科技创新平台承载体系，提升平台综合服务能力

一是聚焦产业发展需求和关键技术研发，继续深入实施"重大创新平台引领工程"。依托现有省级重点实验室，推动创建国家级或省部共建重点实验室，支持各类创新主体建设企业技术中心、重点实验室、工程技术研究中心、产业技术联盟等，打造一批重大科技创新平台。立足山西省资源禀赋和特色产业，按照山西省关于创新平台的统筹布局，建设省实验室和省 10 大重点实验室、10 大省级制造业技术创新中心，逐步实现 14 大标志性引领性产业集群全覆盖。

二是依托开发区打造创新集聚发展平台。推动产业和创新一体化布局，支持大型企业、高校、科研院所在开发区联合打造科技成果转移转化平台。

三是打造"双创"要素集聚平台。率先在智创城形成创新生态的小气候，引入国内一流双创运营团队，发挥鲇鱼效应，加速吸引领军企业、龙头企业等高端双创资源向智创城集聚。

四是采取厅市、厅厅共建模式，推动高校围绕区域产业转型重大需求与地方创新主体深度融合，培育一批服务地方经济社会发展的校企、校地协同创新中心。

此外，要着力完善中试基地、众创空间、企业孵化器等中介平台的建设，构建覆盖 14 个标志性引领性产业集群的综合性、全方位平台体系和"众创空间—孵化器—加速器—科技园区"全链条孵化体系，提升科技创新平台综合服务能力。

三、拓宽融资渠道，完善财政金融支持体系

设立科技创新引导基金，以合作成立子基金为主、直接投资为辅的方式，重点投向天使、初创期的科技项目。探索建立政府股权基金投向种子期、初创期企业的容错机制，创新创业团队回购政府投资基金所持股权的机制。设立科技信贷风险资金池，支持金融机构面向科技型中小微企业提供信用小额贷、投贷联动、知识产权质押贷款等科技金融产品。

推进金融机构服务企业和园区，破解企业融资难题。鼓励商业银行在开发区、科技园区等创新集聚区设立科技支行，围绕科技型企业的需求创新金融产品。建立完善的科技投入体系，促进高新技术企业与金融机构的结合，充分利用金融机构的资金优势，提高研发资金的使用效率，构建以财政投入为导向，资金

市场、资本市场融资为主的投融资体系，推出更多面向科技型中小企业的融资方式。

完善投资融资体系，帮扶企业扩大融资渠道。新常态下，我国政府对各行业，尤其是科技行业的技术创新有着更高的要求，各地政府为鼓励科技型中小企业的技术创新也实施了不同程度的激励政策。面对由于技术创新活动存在较高的被模仿的风险，从而阻碍科技型中小企业投入技术研发这一现状，政府一方面可以通过发展战略、税收优惠等政策引导科技型中小企业的创新方向；另一方面可以通过资助、补贴等具体手段降低企业创新成本、提高研发效率。

政府应对资源型企业进行创新活动给予一定的补贴及税收减免政策，以调动资源型企业开展科技活动的积极性。资源型产业不论是在固定资产投资方面，还是在进行创新活动过程中，都需要大量的资金流动。商业银行应通过降低贷款门槛、减少利息、增加还款年限的方式来对资源型企业开展科技活动的项目给予帮助。科学技术协会应与社会联合起来形成资源型产业创新创业专项基金，缓解资源型企业的资金压力，降低资源型企业的投资风险。

第四节 优化创新生态环境子系统，厚植创新发展土壤

科技创新需要良好的市场环境支持，良好的市场环境表明了一个地区创新思维的开放程度，包括良好的创新文化氛围、完善的知识产权保护制度等（张爱琴和陈红，2010）。结合创新生态环境子系统发展面临的困境，主要提出以下三方面对策：

一、加强知识产权保护，优化营商环境

在当前企业知识产权国际环境日趋严峻的背景下，强化知识产权保护是应对国际科技竞争、实现经济高质量发展的必然要求，也是营造一个国家和一个地区良好营商环境的重要组成部分。只有实行严格的知识产权保护制度，才能营造公平、开放、透明的市场环境，促进优胜劣汰，增强市场主体创新动力。

加强知识产权保护，首先需要提升知识产权创造质量。由对山西高新技术企

业和科技型中小企业的知识产权现状分析中看出，近年来，山西知识产权的数量有了较大增长。高新技术企业知识产权2014~2019年的增长率为151%；科技型中小企业中占76.06%的企业拥有知识产权。但知识产权质量有待提升。应大力推动企事业单位、高校和科研机构增强自主创新意识，积极引进和培养高精尖科技人才，加强企业与高校、科研机构的合作（张爱琴等，2021）。坚持科学发展、质量为先的理念，紧紧围绕山西战略性新兴产业的发展重点、关键技术积极开展自主创新活动，促进知识产权由多向优、由大到强的转变。在提升知识产权创造质量的基础上，进一步提高知识产权的转化运用效率，赋予科研人员职务科技成果所有权或长期使用权激励，推动更多高水平科技创新成果知识产权化。

其次是完善知识产权保护相关法律。在国家相关知识产权保护的战略与法规指引下，围绕大力培育一流创新生态的决策部署，继续完善知识产权保护与运用的相关法规。2021年5月，山西审议通过了《山西省知识产权保护工作条例》，是对党中央国务院知识产权保护工作的贯彻落实。为了进一步适应山西知识产权保护新形势和新任务的需要，地方政府还需要进一步完善地方性法规政策体系，完善知识产权保护顶层设计，健全综合管理体制，提升行政管理效能，增强系统保护能力。

最后要结合知识产权制度法规，强化知识产权保护力度。一方面，政府应深化知识产权领域"放管服"改革，持续压缩商标、专利审查周期，建立从申请到保护的全流程一体化知识产权服务体系，提高知识产权公共服务效能。另一方面，落实知识产权保护制度，加强对知识产权侵权行为的打击力度，健全知识产权侵权惩罚性赔偿制度，营造良好的科技创新生态。

二、重视创新文化氛围，构筑制度文化优势

中西部地区由于长期经济落后的影响，文化观念与创新意识也比较薄弱。创新生态系统最根本上是通过观念、文化、价值观等非行政性措施的作用而形成的，需要长期积淀和潜移默化的影响。因此，深化创新文化建设，是中央及地方各级政府一项系统性和长期性的任务。

重视创新文化氛围，培育良好的软硬创新环境。政府要健全各类基础设施建设，完善科技创新政策，健全创新体制机制，培育形成良好的制度环境、人才环境与金融环境。鼓励科技工作者大胆创新、勇于创新、包容创新，在全社会范围内大力弘扬工匠精神、原创精神、包容失败的精神，促进创新方法推广应用，促

进团队不同学科背景成员的沟通交流和知识融合（张爱琴和侯光明，2015），为各项创新活动的开展营造"文化强企""文化强省"的良好氛围，为创新生态系统的形成营造真正优质的土壤。

大力弘扬优秀企业家精神。山西高新技术企业数量少，企业创新能力弱，也与山西企业家资源缺乏有很大的关系。企业家精神既是创新生态的起点，也是创新生态的终点。应增强企业家的创新紧迫感，积极鼓励年青一代企业家的创新创业活动，弘扬开拓创新的晋商精神，更好地调动广大企业家的积极性、主动性、创造性。

三、提升人才服务水平，创设育人用人环境

围绕山西建设人才强省和优化创新生态目标，结合山西人才工作实际，精准引进急需紧缺人才，采取"项目+人才"模式，有计划地引进急需紧缺科研创新领军人才及团队、科技创业投资人、高级企业经营管理人才、高技能领军人才等。

强化高技能人才培养。实施企业经营管理人才素质提升计划，培育具有全球视野的现代企业家、创业创新型企业家等。

整合现有相关部门组建人才服务专门服务机构，建立人才服务平台，设立人才服务专员，为人才创新创业提供政策解读、信息咨询、项目申报、创业代理、职称评定、产学研合作等全过程、专业化、"一站式"服务。实施高层次人才服务保障工程，为高层次人才提供"一对一服务"，解决高层次人才工作问题、住房问题、孩子上学问题等实际问题，全民提升人才服务水平。

第五节　加强创新生态治理，
提升创新生态子系统耦合度

创新生态运作、创新生态支持、创新生态研发、创新生态环境四个子系统不是相互割裂甚至对立的，而是彼此相互依赖、相互作用的。其中，创新生态运作、研发是核心创新层，创新生态支持子系统是辅助创新层，创新生态环境子系统是支撑创新层。只有多主体、多系统协调发展，才能确保系统的有序运行。提

出以下三方面对策：

一、加强区域联动，实现区域均衡发展

创新生态系统不是一个封闭的产业组织，而是一个根植于地方特色，具有高度包容性的开放系统。因此，构建开放的创新生态系统需要突破区域行政边界壁垒，加强山西同周边地区的创新联动发展，构建良好的发展布局。当前，我国各地创新生态尚处于起步阶段，区域与区域之间的产业链与创新链协同性还不够完善。山西省尚未形成围绕中心城市的多极点、多元化协同发展态势。随着区域一体化的推进，要构建开放、合作、互利、共享的创新生态，山西需要加强培育除太原以外的其他区域经济增长极的建设，加强区域中心城市向周边"大太原"都市圈、晋北城市群、晋南城市群、晋东南城市群的辐射带动，并在国家发改委《关于支持山西省与京津冀地区加强协作实现联动发展的意见》的政策指导下，积极融入京津冀、环渤海等有影响力的经济圈，深化区域合作，主动对接发达地区产业链、创新链，形成更大区域的开放的、多层次的、多要素的创新生态系统新格局。

形成不同区域的创新协作机制，实现区域的均衡发展。党的十九大报告提出，要创新引领率先实现东部地区优化发展，建立更加有效的区域协调发展机制。为了实现区域间更高效的资源共享、要素流动，要发挥发达地区创新生态的辐射带动和引领示范作用，建立健全适应创新资源跨界流动的体制机制，促进创新要素跨区域流动、整合；欠发达地区应通过加大教育投资力度、提高人力资源的数量和质量、打造优势战略性新兴产业集群、完善政府支持环境等，克服东西部在区域发展、体制机制、市场化程度方面的差异，实现优势互补和互利共赢。

建设开放多元、共生包容的创新文化。跨区域合作除了需要打破区域壁垒外，实现创新资源互补和高效对接，还需要抛弃狭隘的地域文化局限性，构建多元开放、共建共享的价值理念。

二、促进创新生态良性循环，提升子系统适度创新耦合关系

促进创新生态良性循环，需要加强产业的跨界耦合。需要建立系统内创新主体相互之间信任和共同的认知基础，强化系统内异质性创新主体的交流、互动，促进不同产业的创新资源的流动、整合，进而形成动态耦合的产业共生创新网络。充分发挥大数据、云计算、人工智能、工业互联网等技术的连接作用，通过

智能化生产、网络化协同等手段促进上中下游产业跨领域融合，通过跨产业的集聚与耦合实现创新生态系统的结构平衡，提高创新生态系统的整体创新效率。

促进创新生态良性循环，需要加强创新生态子系统的创新耦合。从实证分析中得出，我国创新生态系统耦合协调度呈现稳定上升趋势，但整体耦合协调度仍较低，创新运作子系统在创新生态系统耦合协调性中发挥着至关重要的作用，而创新支持子系统发展相对迟缓。针对创新生态子系统的现状，应进一步发挥政府对创新生态的政策扶持、战略规划、体系建设方面的作用，建立持续、长久、高效的政策引导机制；同时大力发展科技中介机构，加强科技中介机构技术中介、创业投资、技术评估等的配套服务，进一步提升创新运作子系统的驱动效力和创新支持子系统的支撑效力，促进创新生态各子系统的良性耦合。

三、完善科技治理体系，提升创新生态治理能力

中国创新生态系统的一个显著特征是，地方政府和官方科研机构占据重要地位。国务院对科研体系的组织架构和研究政策的制定拥有最终决定权。为此，政府的创新生态治理能力往往决定了区域创新生态的持续运作水平和发展前景。实现2050年创新生态的愿景规划目标，需要把握新科技革命与产业变革的重大战略机会，加强对科技发展的宏观协调，进一步促进科技创新治理能力和体系现代化。

推进政府职能转变，抓紧补齐创新生态系统短板。一个地区创新生态系统的构建具有其内在的机理和规律，已经形成的知识广度势差具有一定的路径依赖性，难以在短时间内扭转；地区良好的营商环境也非一朝一夕能够建立。欠发达地区具有先天发展短板，通过简单照搬照抄其他地方的改革措施，而没有从根本上推进政府职能转变，提升软服务，仍无法从根本上获得政策驱动带来的优势。政府要推进科技体制机制改革，完善科技治理体系，重塑科技部门职能。探索和优化决策指挥、组织管理、人才激励、市场环境等方面体制机制创新，强化跨部门、跨学科、跨军民整合力量和资源，建立强有力的科技创新统筹协调机制和决策高效、响应快速的扁平化管理机制。

创新的治理机制还包括通过加强信息披露与平台开放，构建谈判协商、利益分享等内生协调机制以及集体制裁、声誉机制等外部公共治理为辅的机制规范创新生态系统企业内行为（吴绍波和顾新，2014），维护创新生态系统持续良性运行，实现创新生态系统整体利益的最大化。

第十一章　山西制造业创新生态系统典型案例研究

经济全球化背景下，从新产品、新服务的构思阶段，到产品生产验证与测试阶段，再到最后的大规模量产商品化阶段，企业都需要生态系统的支持。富饶的本地生态系统能让企业充分挖掘创新及生产潜能，为经济发展做贡献。通过美国的发展实践可以发现，即使是在一个以服务业为主导、以创新为基础的经济体系中，制造能力的丧失也是一个很大的问题。对于一个快速发展的发展中国家，怎样构建一个既能够发挥固有制造优势又能强化前向和后向国际参与度的产业发展格局至关重要，考察制造业的发展对于本地产业创新生态系统的影响具有至关重要的作用。

第一节　山西省制造业创新生态系统运行现状

制造业是地区产业转型升级的重要抓手，是经济高质量发展的重要依托。新时代背景下，山西省在贯彻省委"四为四高两同步"总体思路和要求下，围绕战略性新兴产业培育、制造业转型升级重点项目建设、省级制造业创新中心建设等方面构建区域创新生态，以先进制造业为支撑推动构建制造业现代产业体系的建立。

1. 创新运作子系统

（1）山西省制造业总体产出分析。当前，山西省制造业经过多年发展，初步形成了具有一定规模和技术水平的产业体系。本书将从 2012~2019 年山西省制造业数据出发，对山西省制造业现状作总体阐述。

由表 11-1 可以看出，山西省制造业主营业务收入与利润总额自 2012 年起呈

下降趋势，主营业务收入与利润均在逐年萎缩，2012~2014 年平均利润率仅为
1.34%；2015~2019 年有所回升，营业收入与利润总额均保持增长，且盈利能力
显著增强；2017~2019 年平均利润率达到 4.97%。从平均用工人数来看，山西省
制造业平均用工人数整体呈下降趋势，但随着用工人数的减少，营业收入与利润
总额保持增长，说明山西省制造业近年来在生产效率、管理水平及生产技术方面
均有所改善。从 2012~2019 年数据来看，山西省制造业总体呈增长态势，企业
数量增加，产业规模扩大，生产效率提高，盈利能力增强。

表 11-1 2012~2019 年山西省制造业发展状况

年份	企业数（家）	主营业务收入（亿元）	平均用工人数（万人）	利润总额（亿元）
2012	2308	8645.06	105.76	205.42
2013	2327	9031.87	103.17	106.78
2014	2310	8443.62	95.82	37.64
2015	2275	6852.71	88.49	−40.8
2016	2064	6799.05	83.58	91.11
2017	2239	8846.23	88.4	481.16
2018	2242	9657.79	81.9	582.77
2019	2819	11314.06	87.8	396.18

资料来源：根据《中国统计年鉴》《中国工业统计年鉴》整理而得。

（2）山西省各主要制造业产业结构分析。为了更加深入地了解山西省制造
业产业结构状况，以下将对山西省制造业的细分行业的发展现状进行分析，山西
省各主要制造业发展状况如表 11-2 所示。

表 11-2 2019 年山西省各主要制造业发展状况

主要制造业	企业数（家）	营业收入（亿元）	平均用工人数（万人）	利润总额（亿元）
农副产品加工业	154	241.4	2.1	9.15
食品制造业	75	123.58	1.6	9.21
酒、饮料和精制茶制造业	55	193.24	2.7	30.09
烟草制品业	1	45.89	0.1	3.88

续表

主要制造业	企业数（家）	营业收入（亿元）	平均用工人数（万人）	利润总额（亿元）
纺织业	24	21.19	0.5	0.26
纺织服装、服饰业	17	24.09	0.6	0.88
皮革、皮毛、羽毛及其制品业	2	0.44	0	0.02
木材加工和木、竹子、藤、棕、草制品业	6	11.3	0.1	0.48
家具制造业	4	2.71	0	0.13
造纸和制品业	29	33.13	0.3	0.17
印刷和记录媒介复制业	24	16.49	0.4	0.45
文教、工美、体育和娱乐用品制造业	9	8.83	0.2	−0.05
石油加工、炼焦和核燃料加工业	143	2055.72	9.7	82.49
化学原料和化学制品制造业	296	852.14	7.9	−8.8
医药制造业	99	233.58	3.1	18.51
化学纤维制造业	1	0.35	0.9	0.06
橡胶和塑料制品业	74	51.63	8.9	−0.17
非金属矿物制造业	621	616.65	13.1	33.76
黑色金属冶炼及压延加工业	128	3113.49	4.5	131.38
有色金属冶炼及压延加工业	104	865.02	5.1	−4.46
金属制品业	274	337.18	2.6	11.61
通用设备制造业	146	139.96	4.5	4.77
专用设备制造业	218	365.87	2.6	0.26
汽车制造业	57	403.2	2.2	8.97
铁路、船舶、航天航空和其他运输设备制造业	37	176.77	1.9	14.94
电气机械和器材制造业	96	205.98	10.3	6.63
计算机、通信和其他电子设备制造业	48	908.14	0.3	32.88
仪器仪表制造业	26	28	0.9	2.59

资料来源：根据《中国统计年鉴》《中国工业统计年鉴》整理而得。

由表 11-2 可以看出，山西省制造业企业主要集中于重化工业，而轻工业分布较少，表现出山西省制造业发展结构的不平衡性；其中企业数量较多、规模较大的制造业行业有石油加工、炼焦和核燃料加工业，黑色金属冶炼及压延加工业，有色金属冶炼及压延加工业，营业收入所占比重分别为18.16%、27.51%、7.65%，这三个行业都与煤炭产业关联密切，表明山西省制造业对资源依然存在严重依赖。同时，计算机、通信和其他电子设备制造业营业收入达908.14亿元，占比达8.03%，说明山西省在高技术产业方面精准发力，推动制造业转型升级，以期促进山西省制造业实现高质量发展。

通过纵向经济数据来看，山西的高质量转型发展也取得了一定的成效。2019年，非煤工业特别是制造业持续引领工业增长。全省规模以上工业增加值增长5.3%，非煤工业增长6.5%对全省规模以上工业增长的贡献率达到61.2%，超过煤炭工业22.4%。2020年，先进装备制造、新材料、信息技术等新兴产业规模不断扩大，战略性新兴产业增加值年均增长9.7%。产业结构不断优化。

（3）高新技术产业（制造业）发展现状分析。为分析山西省高新技术产业（制造业）发展状况，本书的研究从《中国高技术产业统计年鉴》的行业分类及数据出发，分析医药制造业、电子及通信设备制造业、计算机及办公设备制造业、医疗仪器设备及仪器仪表制造业这四个行业的发展现状。高新技术产业（制造业）发展状况相关如表11-3和图11-1所示。

表11-3　2019年山西省高新技术产业（制造业）发展状况

行业	企业数（家）	从业人员平均人数（人）	营业收入（亿元）	同比增长（%）	利润总额（亿元）
医药制造业	99	31340	234	10.40	19
电子及通信设备制造业	49	103441	981	-1.60	33
计算机及办公设备制造业	2	293	2	-66.70	0
医疗仪器设备及仪器仪表制造业	23	3520	26	-52.70	3

资料来源：根据《中国高技术产业统计年鉴》整理而得。

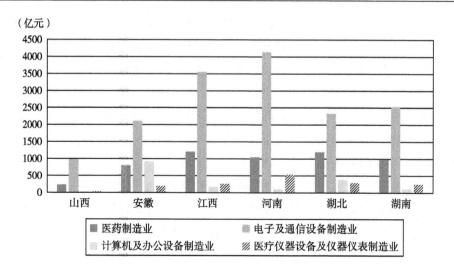

图 11-1 2019 年中部六省高新技术产业（制造业）营业收入对比

由表 11-1 可以看出，山西省高新技术产业（制造业）已初具规模，但与中部其他省份对比来看，山西省高新技术产业（制造业）规模仍然较小，企业数量少，从业人员较少，部分行业营业收入出现负增长，发展趋势不明显，且盈利能力较弱。从行业结构来看，山西省高新技术产业（制造业）主要集中于医药制造业和电子及通信设备制造业，而计算机及办公设备制造业企业分布少，规模小。

综合以上图表数据可以得知，山西省制造业总体呈现良好的增长态势，产业规模持续扩大、盈利能力不断增强。但从制造业的产业结构来看，山西省制造业多集中于重化工业，对资源存在严重依赖，表现出山西省制造业产业结构的不合理。从高新技术产业（制造业）来看，山西省在高新技术产业（制造业）的发展尚显不足，与中部其他省份差距较大。

2. 创新研发子系统

山西省以增强产业技术创新能力为目标，集聚整合省内外企业、科研院所、高校等创新主体的资源及优势，制造业创新体系核心初具规模。例如，山西转型综改示范区现已集聚智能制造企业 60 余家、院士工作站 38 家、高新技术企业 37 家、国家级研发机构 7 家、省级研发机构 53 家，科研人员达 2.5 万人。

推动产学研深入合作，取得多项科研成果。例如，太原工具厂先后与中北大学和太原理工大学签订了产学研合作框架协议，成立了"中北大学与太原工具厂有限责任公司金属切削刀具开发研究中心"，设立了"中北大学与太原工具厂工具装备研究生培养基地"及"太原理工大学校外教学实习基地"，初步实现了强强联手、校企联手的战略布局。

改革科研组织模式，攻克关键核心技术。自2020年以来，山西围绕40个重点科技攻关项目面向全国实施重点项目"揭榜挂帅"的科研组织模式，将省级人才经费年度预算由3年前的1.3亿元增加到7.1亿元，加强与国内外一流科研院校的合作，厚植"人才洼地"生态。

3. 创新支持子系统

政府政策支持方面，为了摆脱严重依赖煤炭的困局，山西省政府着力改变过去以煤炭行业为中心来布局的产业机构，选择优先发展先进制造业，出台了一系列相关政策促进制造业高质量发展。2018年，山西开展了打造优势产业集群的行动计划，编制制造业十二大领域招商图谱。2019年印发了《山西省推动制造业高质量发展行动方案》，大力推动制造业向高端化、智能化、服务化、品牌化、集群化发展。2020年，出台《山西省人民政府关于印发山西省新时期促进集成电路产业和软件产业高质量发展若干政策的通知》《山西省风电装备制造业发展三年行动计划（2020—2022年）》《山西省千亿级新材料产业集群培育行动计划（2020年）》，为推动制造业向高端化、智能化、服务化、品牌化、集群化发展，制订了发展计划。一系列政策的制定和出台为山西省制造业创新生态营造了良好的政策环境。

重点项目建设方面，山西省还全力推进山西合成生物产业生态园、中煤科工智能制造基地等一批重点项目建设。2020年，省级"双百"工业转型升级重点项目累计完成投资436亿元，86个项目建成投产或部分投产，正在全力推进200个制造业转型升级重点项目建设。

行业创新平台培育方面，还加快培育制造业创新中心试点。创新中心以制造企业为主体，协同高校、科研院所、机构等组成，以关键共性技术的集中攻关研发为目标，打造跨界协同的创新生态系统。山西省制定了《关于开展山西省省级制造业创新中心创建工作的实施方案》，预计2025年打造一个比较完善的制造业创新体系。目前，制造业创新中心试点组织攻克了一批行业共性关键技术，转化推广了一批先进适用技术和标准，积累储备了一批产业技术知识产权，培养造就了一批技术创新领军人才，制造业的创新体系初具规模，为全省制造业转型升级提供强力支撑。此外，在建的还有国家先进计算产业创新中心山西基地、国科大太原能源材料学院等重大创新平台，正在重点布局山西智创城、太原同创谷等双创载体。山西省第一、二批省级制造业创新中心试点见表11-4。

表11-4 山西省省级制造业创新中心试点（2018年与2019年第一、二批）

序号	试点名称	牵头单位
1	山西省高性能碳纤维及其复合材料制造业创新中心	山西钢科碳材料有限公司
2	山西省轨道交通创新中心	太原市轨道交通发展有限公司
3	山西省功能蛋白创新中心	山西锦波生物医药股份有限公司
4	山西省光伏装备创新中心	山西潞安太阳能科技有限责任公司
5	山西省储能炭材料创新中心	山西美锦能源股份有限公司
6	山西省微电子智能制造装备创新中心	中国电子科技集团第二研究所
7	山西省重型装备智能制造创新中心	太原重工股份有限公司
8	山西省网络信息安全创新中心	中电科华北网络信息安全有限公司
9	山西省商用汽车变速器创新中心	重工重汽集团大同齿轮有限公司
10	山西省煤层气开采装备创新中心	山西金鼎高宝钻探有限公司
11	山西省风电装备创新中心	太原重工新能源装备有限公司
12	山西省不锈钢箔材创新中心	山西太钢不锈钢精密带钢有限公司
13	山西省镁铝合金创新中心	山西银光华盛镁业股份有限公司

资料来源：山西转型综改示范区管委会，其中1、2、3为山西省制造业创新中心试点，其他为山西省制造业创新重点试点（培育）。

4. 创新环境子系统

在山西制造业创新环境方面，政府进一步转变政府职能，建设产业链知识图谱及产品信息服务平台，加快区域内供电、供水、路网、污水处理等基础设施建设，提升配套服务设施水平。生态环境方面，山西深入推进"治山、治水、治气、治城"一体化推进，城市生态环境明显。创新环境子系统和过去相比有了较大提升。

第二节　山西制造业创新生态系统存在的问题

尽管山西制造业经过多年的发展，在创新生态系统的各个层面取得了一定进步。但与国外发达国家和国内沿海经济发达地区相比，山西省制造业总体水平还是比较落后的。

1. 绿色低碳转型面临挑战

通过对山西省制造业现状的分析来看，"一煤独大"的产业结构一方面造成了对自然资源的严重依赖，制约了制造业的转型与发展；另一方面高能耗、高排放的生产方式对自然环境造成了不利影响。因此，制造业要实现绿色低碳转型发展还面临较大挑战。

2. 产业结构高端化程度不够

山西省制造业不断提高创新方面的投入，高技术产业（制造业）初具规模，但在制造业所占比重较低，其中规模最大的计算机、通信和其他电子设备制造业营业收入占比仅为 8.03%，而山西省高技术产业（制造业）、中医药制造业、电子及通信设备制造业、计算机及办公设备制造业和医疗仪器设备及仪器仪表制造业的产业规模在中部六省中也居于末位。截至 2021 年底，山西尚没有国家级技术创新中心。说明山西省高端制造业发展不足，高附加值的高端产品比较少，自主创新能力相对较弱。

3. 制造业高层次人才缺乏

由于地域限制以及地区经济吸引力不强，制造业行业收入较低，老国有企业分配缺乏活力等原因，使山西省吸纳人才困难，产业工人、科技研发人才等流失严重，许多关键岗位人才匮乏。拥有国际视野、具有复合背景的制造业高层次人才缺乏，制造业队伍素质普遍不高且不稳定，对制造业人才的引进、保障政策有待加强。

第三节　山西制造业创新生态系统的构建策略

根据山西省制造业发展规划目标，山西未来重点在信息技术应用创新、大数据融合创新等十四个标志性、引领性产业开展创新生态建设"示范引领专项行动"。结合以上研究提出如下制造业创新生态系统构建策略。

1. 创新运作子系统

山西当前制造业产业结构以中低端产业为主，高端制造业占比较少。要大力培育壮大先进装备制造业、新能源汽车产业、节能环保产业、新一代信息技术产业、新材料产业、现代医药产业、现代煤化工产业等战略性新兴产业，对传统产业，如钢铁产业、有色产业、焦化产业、建材产业、食品产业进行改造提升。针对制造业处于不同发展阶段的不同形态，可以实施差异性的减税策略减少企业的创新风险。比如，面对创新研发投入强度高的高端制造业和战略性新兴产业，要深化和扩大企业研发费用加计扣除政策的执行力度和覆盖范围。

提升制造业创新能力，促进产业链和价值链的融合。提升制造业自主创新能力，鼓励企业设立研发机构，开发新产品。优先打造带动能力强的重点龙头企业，同时给中小制造商提供更多的金融、人才支持，构建大中小企业深度协同、融通发展的新型产业组织。提升山西制造业在国内制造供应链的扩展能力，积极与国内可能进一步开发和实施新技术的公司合作，参与制造业国家或行业标准的制定，促进产业链与创新链、价值链的融合，提升制造业创新生态系统的构建和孵化培育能力。

推动产业发展从单一线性的个体创新向网络化的集群创新转变。紧抓行业技术变革趋势，围绕前沿技术、颠覆性技术和关键核心共性技术，开展研发攻关和工程化、产业化应用，持续完善制造业集群技术创新体系。

2. 创新研发子系统

提高对全球科学技术趋势的预判和分析，重视新兴技术发展。山西制造业是否在全球竞争激烈的制造业格局中占据一席之地，取决于是否能够把更高附加值的相关活动吸引到它们的生态环境中。重视山西的新兴技术发展与突破，努力将碳基新材料领域的"技术优势"转化为"产业优势"，面向国际前沿、融入国家战略、支撑山西省转型发展，做大二代半导体、做强三代半导体、抢滩四代半导体。这些新兴技术不仅有助于催生新产品，提高制造业的生产力，还有助于带动其他战略性新兴产业的发展，促进产业链整体水平的提升。

促进制造业研发投入与技术攻关，打造公共创新平台，促进创新资源共享，满足部分没有条件建立自身研发机构的制造业企业的研发需求。

3. 创新支持子系统

政府必须支持先进制造业发展，提升制造业高质量发展水平，政府要发挥前瞻性与引导性作用，长远布局，统筹规划。要明晰山西制造业发展现状及发展短板，对症下药，补齐短板。完善政府相关政策以消除技术研发、技术转移等不必要的障碍，在改革创新中做好构建产业创新生态系统的制度安排，为制造业迈向高质量夯实基础。

政府加快制造业基础设施的投资，扩大新基建规模，提升新基建发展水平。落实《山西省"十四五"新基建规划》，全面谋划山西省"十四五"期间新型基础设施建设部署，力争国家实验室、国家大科学装置实现零的突破。紧紧围绕先进制造、战略性新兴产业打造创新基础设施生态体系。

打造提升制造业创新平台。加快产业联盟创建，促进产业联盟协同发展，加强产学研合作，鼓励各企业间展开研发合作，对展开合作有成果的企业给予一定奖励等。

4. 创新环境子系统

加强区域合作交流。创新省际合作模式，广泛嵌入区域分工链，加大煤机装备、轨道交通装备、新能源汽车制造、新材料制造等重点优势领域的合作力度，实现区域优势互补、共生共赢。承接东部地区优质产业和企业转移，推动山西省制造业企业对接融入京津冀协同发展、中原经济区、晋陕豫黄河金三角等国家区域协调发展战略。主动参与到国际经济发展战略中，如"一带一路"倡议，利用政策等优势开拓国外市场，增强企业的国际化发展能力。

第十二章　研究结论与展望

第一节　研究结论

本书的研究在现状分析的基础上，对山西创新生态系统的构建及政策优化研究进行系统深入的分析和探讨。首先分析了新时代背景的含义，创新生态系统的内涵、结构、功能、阶段，将创新生态系统划分为创新运作、创新研发、创新支持、创新环境四个子系统。紧密结合国内外典型创新生态系统的发展经验与创新生态系统建设现状，评价创新生态系统发展及子系统耦合协调水平，提炼创新生态系统运行机理，基于多层次视角分析创新生态促进资源型地区转型的机制，论述了山西创新生态系统运行机制。并基于面临的困境提出了新时代背景下山西创新生态系统的构建对策及子系统耦合策略。最后以制造业创新生态系统为典型案例展开研究，提出制造业创新生态系统良性演化的引导策略和政策建议。

综合本书所做的研究工作，得出主要结论如下：

第一，国内外创新生态系统建设经验对山西区域创新生态系统持续演进与优化具有重要的参考价值。

运用比较分析方法对比总结国外美国、英国、瑞士、芬兰和国内京津冀、长三角、粤港澳大湾区创新生态系统发展概况，总结其他省份创新生态系统建设的途径及成功经验，可以得出如下启示和借鉴。

国外的创新生态大多起源于高校，并且得益于高校优质的教育体系，高校在创新生态中肩负着人才培养的责任。依托高校人才孵化的科技园区将打破人才壁垒，与高校实现人才互通。芬兰以市场为导向建立创新体系，倡导公私合作的发展理念。国内的创新生态趋向于区域融合发展，区域化创新生态系统发展良好，可以有效发挥城市具有的优势，实现帮扶作用和联动效应。国内的创新生态兼顾区域特点，因地制宜，探索出适合本区域发展的创新生态系统。例如，长三角的多核心创新生态体系，就是根据长三角区域内城市发展进程逐步形成的。山西的创新生态发展必须从良好的政府服务意识、优质的教育体系、公私合作的发展理念和以市场为导向的发展原则等出发，吸引创新人才，积累创新要素，培育创新文化和氛围。另外，山西作为资源型省份，自身的创新生态发展条件较弱，可发展空间有限，可以在自身发展的基础上融入区域发展。

第二，由中国和山西创新生态系统的发展现状分析得出，山西整体科技创新能力逐步提升，但在全国创新格局中创新水平较落后，切实推动山西产业经济转型升级，对加快构建新发展格局具有重要意义。

由宏观到微观，从中国—资源型地区—山西论述创新生态建设现状，中国创新生态建设及资源型地区创新现状，发现区域发展战略具有的系统性和一般性，中国创新生态系统表现出两个发展趋势：①数字经济的快速发展推动中国创新生态走向全球化；②区域经济一体化促进了创新资源的协同配置。中国创新生态发展具有区域异质性，不同地区创新环境、创新基础、创新主体以及创新文化等截然不同，东部发达地区城市群与中西部资源型地区形成了鲜明的对比。因此，如何构建创新生态系统也不能一概而论，各级政府首先要根据自身的实际发展状况，具体问题具体分析，因地制宜制定符合自身的创新生态发展政策，打造独具特色的创新生态系统。

通过资源型创新生态现状研究发现：山西作为典型的资源型地区，"一煤独大"是山西省经济发展的标签。要实现转型发展与可持续发展，必须利用好"创新生态"政策的指挥棒，才能在创新发展中占领先机，赢得长远发展优势。当下山西正处于资源型转型阶段，提出下阶段"打造一流创新生态"的发展战略是助推山西摆脱资源依赖，实现经济可持续发展的关键一步。厘清山西面临的现状及构建创新生态系统的路径，对山西资源型经济转型发展具有重要意义，对其他资源型省市也具有借鉴意义。

多视角阐述山西创新生态系统现状，研究结果发现，山西创新生态进一步改善，随着山西省政府出台一系列创新生态政策，取得了阶段性突破。然而，山西创新生态仍然以政府为主导，市场力量弱，山西要构建一流创新生态，必须立足现有产业基础及区域优势，催生一批新产业、新业态和新模式，促进传统产业的转型，切实提升产业创新能力和竞争力。

第三，山西创新生态系统运行机制及耦合协调水平评价，为精准施策提供了可操作性的应对策略。

从创新生态运作、研发、支持、环境四维视角对创新生态各子系统开展耦合协调研究，构建创新生态系统评价指标体系，对我国创新生态系统耦合协调开展实证分析。研究结果发现，我国各省创新生态系统耦合协调发展区域差距明显，整体呈现东高西低、沿海好于内陆的现状。北京、江苏、广东三省（市）协调状态表现最好。浙江、上海、山东、河北、辽宁、安徽、河南、湖北、湖南、四川、陕西11个省份处于濒临失调状态。天津、山西、内蒙古、吉林、黑龙江、福建、江西、广西、重庆、贵州、云南、甘肃12个省份处于严重失调状态。创新生态严重失调地区多处于内陆地区，地理位置和政策环境较为落后、创新意识薄弱、政府重视程度不够、研发投入不足等问题导致了该地区科技创新发展能力较弱。

同时还运用TOPSIS模型对山西创新生态系统的竞争力进行评价分析，通过全国31个省份数据对比直观地反映出山西省创新生态系统竞争力明显不足，各子系统的排名均处于靠后位置，在未来的经济转型发展过程中还面临很大压力。

第四，通过对创新系统的现状分析发现，山西进一步从创新系统向创新生态系统转型中存在多方面的现实困境。

从创新支持子系统、创新运作子系统、创新研发子系统、创新环境子系统四个方面对山西创新生态系统构建的现实困境进行了剖析。其中创新支持子系统存在的问题包括：①创新生态建设处于起步期，政策体系有待完善；②创新平台基础薄弱，发挥的支撑能力不足；③投融资体系发展落后，科技金融作用发挥不够。创新运作子系统存在的问题包括：①企业数量少、规模小，品牌效应不强；②企业创新能力弱，中高端科技人才缺乏；③科技成果质量不高，成果转化率低；④产业集群"低端锁定"，上下游一体化程度低。创新研发子系统存在的问题包括：①高等资源整体偏弱，规模发展存在较大空间；②科研机构经济、社会效益低，成果转化能力弱；③系统开放度不够，产学研合作力度有待加强。创新环境子系统存在的问题包括：①科技创新体制机制亟须整合与完善；②政府精准创新服务有待提升；③激励创新的文化环境不够完善。对所面临困境的分析为后续章节提出山西创新生态系统构建策略奠定基础。

第五，分析得出山西创新生态系统构建的影响因素，并进行SD模型仿真。

归纳提炼山西创新生态系统构建的影响因素，构建山西创新生态系统构建的影响因素整体框架，基于 SD 模型的山西创新生态系统运行机制分析，分析产业技术创新生态系统的演进机理。研究结果显示：①要提高专利产出率，技术市场成交额应用率和创新产出率中间变量发挥的作用；②政府扶持力度、中介机构作用正向影响创新生态系统运行效率；③降低资源型地区的资源依赖度。

第六，从生命周期四个阶段分析山西创新生态系统建设路径，并提出山西创新生态系统的演化机制。

基于 MLP 模型构建创新生态系统促进资源型经济转型的多层次分析框架，归纳了资源型地区创新生态的演化过程包括创新生态微观子系统的组织涌现、创新生态子系统的形成和新兴产业稳定、技术创新广泛扩散和突破、创新生态系统稳定并制度化四个阶段。在此基础上，从生命周期视角提出山西创新生态系统从萌芽期、成长期到成熟期的演进路径。提出山西创新生态系统的六大演化机制包括转型动力机制、创新资源配置机制、创新平台协同机制、产业替代选择机制、创新主体激励机制及系统运行保障机制。

第七，提出优化山西省创新生态系统的对策与子系统耦合策略，并对制造业创新生态系统进行典型案例分析。

本书提出了五个方面的山西创新生态系统构建对策，主要包括：①优化创新生态运作子系统，赋能经济高质量发展；②优化创新生态研发子系统，强化创新源头供给；③优化创新生态支持子系统，提升创新服务能力；④优化创新生态环境子系统，厚植创新发展土壤；⑤加强创新生态治理，提升创新生态子系统耦合度。最后通过对制造业创新生态系统典型案例的研究，总结存在的问题，并对制造业创新生态系统构建提出了见解和思路，以期为提高山西创新生态系统构建提供借鉴参考。

第二节　主要创新点

第一，研究视角由"创新系统"到"创新生态系统"转变。本书从"创新系统"的视角进一步上升到用"创新生态系统"的视角来解析区域经济高质量发展。创新生态系统研究视角综合"生态思维+系统思维"两个维度，可以使研究能够更加全面、现实地反映研究对象的特征。创新生态系统中的大中小企业都有强烈的竞争共生关系、存在网络和运行规则。从生态系统角度认识经济高质量发展比创新系统更强调经济结构的转型、生态效益和可持续发展，对于资源型结构为主的地区的可持续性发展具有重要意义。研究促进区域产业创新生态系统耦合战略，对于引导产业科学制定发展规划，促进资源型地区"创新系统"向"创新生态系统"转型升级，提高区域经济竞争力具有重要的社会意义。

第二，构建创新生态系统耦合协调模型，开展我国创新生态系统耦合协调实证分析，评价山西创新生态系统竞争力水平。基于中国各省份之间仍存在创新禀赋与创新水平参差不齐、创新要素匮乏、系统协调水平低的问题，部分地区甚至出现系统间反向抑制现象，严重制约着创新生态系统的协调发展。因此，迫切需要构建一套能够全方位反映地区创新活动水平的多维指标体系，开展对子系统功能间彼此促进或制约程度的规范性判断，测度省域创新生态系统耦合协调发展水平。构建创新生态评价体系，能够较清晰地反映当前我国各省域创新生态系统耦合协调发展现状，为区域协同和转型发展提供决策依据。运用熵值 TOPSIS 法和线性加权综合法对山西创新生态系统竞争力进行系统评价和分析，以期准确把握现状，认清发展差距，为山西经济转型发展提供决策参考。综合应用多种评价方法，能够得出对创新生态发展全貌更加全面、客观的评价结果。

第三，构建创新生态系统 SD 模型，基于 SD 模型分析山西创新生态系统运行机制。从系统内外两方面构建山西创新生态系统构建的影响因素整体框架，运用系统动力学分析创新生态系统中各因素相互作用的机理，而且可以进行相关政策模拟，揭示政策在创新生态发展中的影响作用与效果，为政府推进创新生态系统建设提供理论依据。从 2009~2018 年山西省创新生态系统的微观数据入手，进行政策模拟，分析政府扶持力度、中间变量、中介机构作用、资源依赖度四个变量对山西创新生态系统影响的不同机制，通过各因素的反馈循环，对创新生态系统的演进趋势进行预测。

第四，分析山西创新生态系统的演化机制和演化路径，提出山西创新生态系统的子系统耦合策略及对策。基于 MLP 模型构建创新生态系统促进资源型地区经济转型的多层次分析框架，指出创新生态系统最终能否促进资源型地区经济转型，取决于能否实现从技术利基层到社会体制层到社会技术景观层的全面转变。MLP 模型强调社会、经济、政治、文化等多种因素的动态协同演化，更加契合创新生态系统演化的复杂性与系统性。剖析资源型地区创新生态演化过程，将创新生态按照创新生态萌芽期、创新生态发展期、创新生态成熟期、创新生态饱和或蜕变期四个阶段剖析演化路径，分析其演化机制。在此基础上，提出了山西创新生态系统的子系统耦合策略及对策。子系统的功能耦合策略是对耦合性评价结果的解决方案，在指导地区创新生态发展措施方面具有一定的创新性。

第三节 研究局限

第一，创新生态系统的发展演化是一个长期而复杂的工程，涉及的利益主体众多，不仅关系到经济、资源和环境的协调发展，而且受到资料查阅、数据收集和研究时间等因素的限制，所以该研究成果受统计数据可得性的影响，也具有一定的局限性，还需在今后的工作中加强深入性和广泛性的探讨。

第二，由于创新生态系统的发展需要和具体地域的具体背景相互结合，使得创新的效应在不同地区会有差异，如何结合实际区域动态性地选择合适的政策工具是本研究尚需要进一步研究的地方。

第三，对于如何形成不同创新生态种群之间的链接关系，特别是拥有众多高校、科研机构和产业集群的发达区域如何与欠发达区域形成具有层次性、关联性的跨区域创新生态系统，从而实现发达区域和欠发达区域资源合力的模式和机制等，尚没有开展深入的研究（高伟，2021）。

第四节 未来研究展望

第一，不同生命周期阶段的创新生态需要不同的政策来推进，并不存在普遍适用的政策可以解决所有类型所有阶段的创新生态发展问题。未来研究应一方面结合本地情况把创新生态相应的制度安排和制度结构作为重点，对其制度特征进行剖析和论述；另一方面需要对形成创新生态的创新要素集聚的规律加以研究。

第二，有关生态系统内部发生的所有生命周期过程以及它们之间的因果关系的知识有待进一步深化。不仅需要研究生态系统生命周期导致萌芽、成长、成熟和衰落的影响因素，而且需求研究创新生态系统的内部更新，以及生态系统如何通过自我改造以实现长期可持续发展的可能性。对引导生态系统创造和动态的过程进行调查，可以带来一些新的视角，并对每个生命周期阶段中不同伙伴的作用有新的理解。

第三，政府如何调整使得创新生态系统的目的与环境进行动态匹配，中央政府与地方政府如何互动协调以消除目标之间的冲突，是创新生态系统长期持续演进机制研究中有待解决的问题。另外，在创新生态系统打造上，如何倡导文化—制度—市场—技术的综合性机理作用，更好地体现区域创新体系的开放性和包容性的问题也值得进一步探讨和挖掘。

附录一　山西创新生态系统
建设政策梳理

1. 山西省委、省政府出台创新生态系统建设政策

年份	政策名称	主要内容
2020	《山西省企业技术创新全覆盖工作推进方案》	提出建立省级部门、市县部门、创新企业三方帮扶体系，推动部门帮扶对接。按照"职能对口、工作对应"的原则，各相关厅局负责推进职能内企业创新活动的开展；构建产业联盟、行业专家、创新平台三层指导体系；实施关键技术、创新项目、试点示范三个"百项引领"
2020	《山西省创新驱动高质量发展条例》	贯彻落实省委"四为四高两同步"总体思路和要求，深入实施创新驱动发展战略，从鼓励支持科技创新和产业创新、加强人才支撑、优化创新环境、建设创新体系等方面作出规定
2020	《关于加快构建山西省创新生态的指导意见》	提出关于创新生态建设的主要目标：构建产业集群创新生态、打造创新生态技术体系、构建创新全覆盖体系、构建创新成果产业化体系、强化科技中介服务、构建创新协同体系、构建创新平台承载体系、构建开放创新体系、建立创新标准化信息化体系
2021	《山西省"十四五"打造一流创新生态，实施创新驱动、科教兴省、人才强省战略规划》	着力解决创新课题质量不高、创新平台实力偏弱、创新主体数量偏少、创新成果转化不畅、创新人才结构不优、创新氛围不浓等事关一流创新生态建设的关键问题，按照工程、平台、主体、人才、成果、治理、文化7个"一流"组织部署任务
2021	《关于进一步推进山西省重点产业创新生态构建行动计划》	夯实产业创新生态构建基础、持续完善政策支持体系、完善产业创新生态驱动机制、构建高端创新平台建设机制、壮大产业创新生态七大主体、聚焦十四大产业创新生态构建

年份	政策名称	主要内容
2020	《山西省建设人才强省优化创新生态的若干举措》	实行人才工作专项述职；开展人才工作专项考核；以项目引进急需紧缺人才；精准支持高层次人才及团队；提高国有企业人才薪酬；大力支持企业引才聚才；自主制订用人计划；自主开展人才招聘；组建人才服务机构；解决人才现实问题
2020	《关于加快构建山西省工业和信息化领域创新生态实施方案》	聚焦14大标志性引领性产业集群，明确目标任务，绘制完成创新生态云图，在全国乃至全球范围内精准配置创新资源，明确招商引资、招才引智重点目标；加强对表对标，借鉴先进地区经验，搭建完成创新体系、创新制度、创新政策框架；构建起工业和信息化领域创新生态的四梁八柱
2020	《山西省现代医药和大健康产业集群创新生态建设2020年行动计划》	做大生物制品和医用材料产业规模，延伸发展以道地药材为原料的中药大健康产业，着力打造晋北原料药及制剂、晋中中成药、晋南新特药三大产业基地，提升产业总体竞争力，加快构建我省现代医药和大健康产业集群创新生态

资料来源：根据山西省人民政府、山西省科技厅等网站所发布的政策整理而得。

2. 山西省各地市出台创新生态系统建设政策

地级市	政策文件名称	主要内容
太原市	《关于科技创新推动转型升级的若干意见》（2020）	强化企业创新主体地位、鼓励企业加大研发投入、打通科研成果转化通道、建设企业创新平台载体，夯实产业创新发展基础
太原市	《太原市促进科技成果转化试行规定》（2020）	科技成果应遵从市场定价原则、规定科技成果转化收入留用，科技成果转化收入全部留归单位，不上缴财政、鼓励兼职从事科技成果转化或离岗创业、规定了市属高等院校、科研机构领导人员科技成果转化股权激励制度、发展技术转移机构、促进技术市场发展
长治市	《长治市创新生态建设30条》（2020）	结合长治实际，聚焦产业链布局创新链、配置要素链、完善制度链，把创新生态建设工作任务进一步项目化、具体化，从做强重点产业创新平台、推动规模以上工业企业研发活动全覆盖、促进"双创"载体提质增量、壮大创新人才队伍、强化财政金融支撑、加强组织领导与营造创新氛围六个方面提出30项高含金量的具体举措

续表

地级市	政策文件名称	主要内容
阳泉市	《关于打造一流创新生态推进阳泉高质量转型发展的实施意见》（2020）	由总体要求、全力构建创新生态、大力弘扬创新文化三个部分组成。通过各县区、各部门多方协同、联动推进，致力构建政府、企业、高校、科研院所、金融等多要素联动、共生演进的创新生态系统，更高水平推动全市产业链、创新链、供应链、要素链、制度链、资金链"六链"聚合，推进阳泉高质量转型发展
晋城市	《晋城市支持科技创新的若干政策》（2018）	引导企业加大研发投入，对研究与试验发展（R&D）经费投入强度全市排名前十位的企业，给予一定的科研经费奖励； 促进科技成果转移转化，按技术交易额给予技术输出方5%的补助，单个科技成果最高补助100万元； 加大支持创新平台建设，支持创建国家、省级孵化机构； 强化知识产权创造、保护和运用对获得申请受理的发明专利一次性资助3000元。对获得中国专利金奖、优秀奖项目的单位，分别一次性奖励50万元、10万元
朔州市	《朔州市国民经济和社会发展第十四个五年规划和2035年远景目标纲要》（2021）	营造一流创新生态，畅通科技成果转移转化，加快政府科技管理职能向服务职能转变，贯通"政产学研金服用"等环节，努力形成"创有所扶、长有所促、成有所励"的一流创新生态，畅通科技成果转移转化、强化政府科技服务职能、加强知识产权运营和保护、健全科技与金融深度融合、推动大众创业万众创新

资料来源：根据山西省人民政府、山西省科技厅等网站所发布的政策整理而得。

附录二　东中西部地区
不同创新生态系统政策比较

地区	省份	出台时间及政策文件名称	主要内容
东部地区	江苏省	● 2018 年《江苏省大型科学仪器开放共享补贴实施细则》 ● 2020 年《苏南国家自主创新示范区一体化发展实施方案（2020—2022年）》 ● 2021 年《南京都市圈外国人才来华工作许可互认实施方案》 ● 2021 年《江苏省技术转移奖补资金实施细则》	发挥苏南科教资源丰富和开发开放优势，深入推进自创区与自贸区"双自联动"，面向全球集聚高水平创新载体、深化与以色列、芬兰、挪威、荷兰、瑞士等重点创新型国家和地区的产业技术研发合作
	福建省	● 2012 年《福建省重大科技创新平台引进和建设资助办法（暂行）》 ● 2012 年《福建省重大科技成果企业落地转化资助办法（暂行）》 ● 2016 年《福建省"十三五"科技发展和创新驱动专项规划》 ● 2016 年《实施创新驱动发展战略行动计划》	加强创新生态建设，进一步优化创新服务体系，激发各类人才和创新主体创造活力； 加强科技创新与机制创新协调互动，深化重点领域和关键环节的改革，更加注重优化政策供给，推动政府职能从研发管理向创新服务转变； 完善有利于自主创新和科技成果转化的激励分配机制，推动科技成果使用、处置和收益权改革政策的落实
	北京市	● 2014 年《海淀区优化创新生态环境支持办法》 ● 2021《科技领域"两区"建设工作方案》	优化中小企业公共服务环境。支持各类投资主体建设符合核心区重点产业方向的创新创业服务载体； 持续深化科研管理改革。创新科研项目资助方式，在国家实验室、新型研发机构等新型科研载体探索实行"揭榜挂帅"等制度

续表

地区	省份	出台时间及政策文件名称	主要内容
中部地区	湖北省	• 2020年《科技金融服务"滴灌行动"方案（2020—2022年）》 • 2020年《湖北省技术转移体系建设实施方案》	开展科技金融服务"滴灌行动"引导联动各类金融资本对湖北省科技型企业和科技成果转化的支持力度，加快技术、资本、人才和数据等创新要素高效、精准、持续注入"经济末梢"，优化科技金融营商环境和创新生态支撑服务体系，促进创新链、资金链、产业链的互通融合； 支持龙头企业建设新型研发机构、产业技术研究院、技术创新联盟、创新联合体等创新平台，凝聚一批中小高新技术企业，构建大中小企业协同的产业创新生态，激发产业创新活力
	江西省	• 2018年《江西省推进创新型省份建设行动方案（2018—2020年）》 • 2020年《江西省科技型中小企业信贷风险补偿资金管理办法》 • 2020年《江西省大型科研仪器向社会开放共享双向支持试行办法》 • 2021年《江西省网上常设技术市场技术交易补助管理办法》	努力实现区域创新创业生态良好的目标，形成富有活力的政策环境和尊重知识、尊重人才、尊重创新的社会氛围，公民具备基本科学素养的比例达到10%； 对科技型中小企业面对的融资难题给予风险补偿，开放省内大型科研仪器，促进科技资源共享、创新要素充分涌流
	山西省	• 2020年《关于加快构建山西省创新生态的指导意见》 • 2021年《山西省"十四五"打造一流创新生态，实施创新驱动、科教兴省、人才强省战略规划》 • 2021年《关于进一步推进山西省重点产业创新生态构建2021年行动计划》	提出关于创新生态建设的主要目标有：构建产业集群创新生态、打造创新生态技术体系、构建创新成果产业化体系、强化科技中介服务、构建创新协同体系、构建创新平台承载体系、构建开放创新体系、建立创新标准化信息化体系
西部地区	甘肃省	• 2016年《甘肃省促进科技成果转移转化行动方案》 • 2017年《甘肃省技术市场条例》 • 2020年《甘肃省人民政府关于进一步激发创新活力强化科技引领的意见》	突出营造推进科技创新的社会环境和人才环境，着眼于优化科研项目管理机制，深化科技体制改革，分层分级打造各类科技创新平台，强化制度建设，为科技创新提供保障，完善技术交易市场，促进创新资源流动

续表

地区	省份	出台时间及政策文件名称	主要内容
西部地区	四川省	• 2019 年《"天府高端引智计划"实施办法》 • 2021 年《关于进一步支持科技创新的若干政策》 • 2021 年《关于全面加强基础研究与应用基础研究的实施意见》	为营造一流创新生态，激励科技人员创新创造，深入推进创新驱动引领高质量发展，提出要支持重大基础研究创新平台加快落地建设，加大对产业技术创新平台的支持力度，鼓励建设高水平新型研发机构和创新联合体，加大对基础研究和关键核心技术攻关的支持力度，深化职务科技成果权属混合所有制改革； 到 2025 年，达到具有四川特色的基础研究与应用基础研究创新体系基本建立，创新资源布局更加完善，创新生态环境更优化，原始创新能力显著提升的目标
	宁夏	• 2019 年《宁夏回族自治区深化"放管服"改革优化营商环境若干措施》 • 2021 年《宁夏引进区外国家高新技术企业来宁设立法人企业奖补资金管理办法（试行）》 • 2021 年《宁夏回族自治区促进科技成果转化条例》	营造包容普惠的创新生态共有 4 项目标任务，主要包括：①优化创新服务环境，简化科研项目审批管理流程，赋予科研机构和人员更大自主权，引导企业加大研发投入；②优化人才引进服务机制；③充分调动社会力量扩大优质服务供给，推动"互联网+"与教育、健康医疗、养老、文化和旅游等领域深入融合发展；④优化医保报销和结算服务等；发挥东西部科技合作机制的引导带动作用，推动自治区内高等院校、研究开发机构、企业与东部地区各类创新主体建立科技成果转化合作关系

资料来源：根据政府网站发布的政策整理、提炼而得。

参考文献

［1］Adner R, Kapoor R. Innovation ecosystems and the pace of substitution: Reexamining technology scurves ［J］. Strategic Management Journal, 2016, 37 (4): 625-648.

［2］Adner R, Kapoor R. Value creation in innovation ecosystems: How the structure of technological interdependence affects firm performance in new technology generations ［J］. Strategic Management Journal, 2010, 31 (3): 306-333.

［3］Adner R. Match your innovation strategy to your innovation ecosystem ［J］. Harvard Business Review, 2006, 84 (4): 98.

［4］Adner R. Ecosystem as structure ［J］. Journal of Management, 2017, 43 (1): 39-58.

［5］Adomavicius G, Bockstedt J C, Gupta A, et al. Technology roles and paths of influence in an ecosystem model of technology evolution ［J］. Information Technology & Management, 2007, 8 (2): 185-202.

［6］Aguirre-Bastos C, Weber M K. Foresight for shaping national innovation systems in developing economies ［J］. Technological Forecasting and Social Change, 2018,128 (3): 186-196.

［7］Arenal A, Armua C, Feijoo C, et al. Innovation ecosystems theory revisited: The case of artificial intelligence in China ［J］. Telecommunications Policy, 2020, 44 (6): 101960.

［8］Athreye S S Athreye, Suma S. Competition, rivalry and innovative behaviour ［J］. Economics of Innovation & New Technology, 2001, 10 (1): 1-21.

［9］Autio E, Thomas L D W. Innovation ecosystems: Implications for innovation management ［M］. Oxford: Oxford University Press, 2014: 204-228.

［10］Bacon E, Williams M D, Da Vies G. Coopetition in innovation ecosystems:

A comparative analysis of knowledge transfer configurations [J] . Journal of Business Research, 2020, 115: 307-316.

[11] Benitez G B, Ayala N F, Frank A G. Industry 4. 0 innovation ecosystems: An evolutionary perspective on value cocreation [J] . International Journal of Production Economics, 2020, 228: 107735.

[12] Carayannis E G, Grigoroudis E, Campbell D, et al. The ecosystem as helix: An exploratory theory-building study of regional coopetitive entrepreneurial ecosystems as quadruple/quintuple helix innovation models [J] . R&D Management, 2018, 48: 148-162.

[13] Carayannis E G, Campbell D F J. Triple helix, quadruple helix and quintuple helix and how do knowledge, innovation and the environment relate to each other: A proposed framework for a transdisciplinary analysis of sustainable development and social ecology [J] . International Journal of Social Ecology and Sustainable Development, 2010, 1 (1): 41-69.

[14] Chesbrough H. Open business models: How to thrive in the new innovation landscape [M] . Bosstion: Harvard Business Press, 2013.

[15] Chiaroni D, Chiesa V. Managing R&D in the semiconductor industry: Coupling technological vectors and market needs [R] . IEEE International Engineering Mana-gement Conference, 2009.

[16] Cooke P. The new wave of regional innovation networks: Analysis, characteristics and strategy [J] . Small Business Economics, 1996, 8 (2): 159-171.

[17] Council on Competitiveness. Innovate America: Thriving in a world of challenge and change [R] . National Innovation Initiative Summit and Interim Report, 2004.

[18] Dasgupta P, Heal G, Stiflitx J E. The Taxation of exhaustible resources [J] . The Quarterly Journal of Economics, 1985, 100 (1): 165-181.

[19] Dedehayir O, Mkinen S J, Roland Ortt J. Roles during innovation ecosystem genesis: A literature review [J] . Technological Forecasting and Social Change, 2016, 136: 18-29.

[20] Dedehayir O, Seppnen M. Birth and expansion of innovation ecosystems: A case study of copper production [J] . Journal of Technology Management & Innovation, 2015, 10 (2): 145-153.

［21］Donohue, Hillebrand, Helmut, et al. Navigating the complexity of ecological stability ［J］. Ecology Letters, 2016, 19 (9): 1172-1185.

［22］Dougherty D, Dunne D D. Organizing ecologies of complex innovation ［J］. Organization Science, 2011 (5): 1214-1223.

［23］Edquist C. Systems of innovation: Technologies, institutions and organizations ［M］. London: Printer, 1997.

［24］Elia G, Margherita A, Passiante G. Digital entrepreneurship ecosystem: How digital technologies and collective intelligence are reshaping the entrepreneurial process ［J］. Technological Forecasting and Social Change, 2020, 150: 119791.

［25］Etzkowitz H, Klofsten M. The innovating region: Toward a theory of knowledge-based regional development ［J］. R&D Management, 2005, 35 (3): 243-255.

［26］Etzkowitz, Henry, Leydesdorff, et al. The endless transition: A "Triple Helix" of University-Industry-Government relations ［J］. Minerva A Review of Science Learning & Policy, 1998, 36 (3): 203-208.

［27］Geels F W, Sovacool B K, Schwanen T, et al. Sociotechnical transitions for deep decarbonization ［J］. Science, 2017, 357 (6357): 1242-1244.

［28］Geels F W. Regime resistance against low-carbon energy transitions: Introducing politics and power in the multi-level perspective ［J］. Theory, Culture & Society, 2014, 31 (5): 21-40.

［29］Geels F W. Technological transitions and system innovations: A co-evolutionary and socio-technical analysis ［M］. Cheltenham: Edward Elgar, 2005.

［30］Geels F. Understanding the dynamics of technological transitions: A co-evolutionary and socio-technical analysis ［M］. Enschede: Twente University Press, 2002.

［31］Grabher G. Rediscovering the social in the economics of interfirm relations ［R］. The Embedded Firm: On the Socioeconomics of Industrial Networks, 1993.

［32］Grinnell J. The niche-relationship of the California trasher ［J］. The Auk, 1917, 34 (4): 427-433.

［33］Grossman G M, Krueger A B. Economic growth and the environment ［J］. Nber Working Papers, 1995, 110 (2): 353-377.

［34］Hanks S H, Watson C J, Jansen E, et al. Tightening the Life-Cycle construct: A taxonomic study of growth stage configurations in High−Technology organizations [J] . Entrepreneurship: Theory and Practice, 1993, 18 (2): 5−29.

[35] Hardash J, Decker B, Graham C, et al. NASA innovation ecosystem: Host to a government technology innovation network [R] . IEEE Aerospace Conference, 2014.

[36] Hoffecker E. Understanding innovation ecosystems: A framework for joint analysis and action [M] . Cambridge: MIT D−Lab, 2019.

[37] Hou H, Shi Y. Ecosystem−as−structure and ecosystem−as−coevolution: A constructive examination − Science Direct [EB/OL] . Technovation, 2020. https: // doi. org/10. 1016/j. technovation. 2020. 102193

[38] Iansiti M, Levien R. Strategy as ecology [J] . Harvard Business Review, 2004, 82 (3): 68−81.

[39] IBadawy A M, IansitiR M Levien. The keystone advantage: What the new dynamics of business ecosystems mean for strategy, innovation, and sustainability 2006, harvard business school press [J] . Journal of Engineering & Technology Management, 2008, 24 (3): 287−289.

[40] Isenberg D J. The big idea: How to start an entrepreneurial revolution [J] . Harvard Business Review, 2010, 88 (6): 40−50.

[41] Javier C, Johan F. Openness in platform ecosystems: Innovation strategies for complementary products [J] . Research Policy, 2020, 50 (1): 104−148.

[42] Lengrand, Louis. Innovation Tomorrow. Innovation policy and the regulatory framework: Making innovation an integrapart of the broader structural agenda [R] . Innovation Papers No. 28, Directorate − General for Enterprise, Innovation Directorate, EUR Report No. 17052, European Community, 2002.

[43] Li Y R. The technological roadmap of Cisco's business ecosystem [J] . Technovation, 2009, 29 (5): 379−386.

[44] Lin J, Chinthavali S, Stahl C D, et al. Ecosystem discovery: Measuring clean energy innovation ecosystems through knowledge discovery and mapping techniques [J] . Electricity Journal, 2016, 9 (8): 64−75.

[45] Lusch R F, Vargo S L. Service − dominant logic: The service − dominant mindset [J] . Service Science Research & Innovations in the Service Economy, 2014,

3 (137): 89-96.

[46] Malik K , Miles S G J B I . Developing innovation policies for the knowledge economy in Europe [J] . Innovation: Organization & Management, 2002, 22 (7): 427.

[47] Moore J F. Predators and prey: A new ecology of competition [J] . Harvard Business Review, 1993: 75-83.

[48] Nelson R R. National systems of innovation: A comparative analysis [M] . Oxford: Oxford University Press, 1993.

[49] Noelia F L, Rosalia D C. A dynamic analysis of the role of entrepreneurial ecosystems in reducing innovation obstacles for startups [J] . Journal of Business Venturing Insights, 2020, 14: 192.

[50] Ohds, Phillips F, Park S, et al. Innovation ecosystems: A critical examination [J] . Technovation, 2016, 54 (2): 1-6.

[51] Oksanen K, Hautamäki A. Sustainable innovation: A competitive advantage for innovation ecosystems [J] . Technology Innovation Management Review, 2015, 5 (10): 24-30.

[52] Ormala E. Managing national innovation system [R] . Paris: Organization for Economic Cooperation and Development (OECD) , 1999: 146-147.

[53] Pmm S. The complexity and stability of ecosystems [J] . Nature, 1984, 307: 321-326.

[54] Rabelo R J, Bernus P. A holistic model of building innovation ecosystems [C] . 15th IFAC Symposium on Information Control Problems in Manufacturing, 2015.

[55] Rao B, Jimenez B. A comparative analysis of digital innovation ecosystems [J] . Technology Management in the Energy Smart World (PICMET), 2011 (11): 1-12.

[56] Reischauer G. Industry 4.0 as policy-driven discourse to institutionalize innovation systems in manufacturing [J] . Technological Forecasting & Social Change, 2018, 132 (6): 26-33.

[57] René Rohrbeck, Katharina Hölzle, Hans Georg Gemünden. Opening up for competitive advantage - How Deutsche Telekom creates an open innovation ecosystem [J] . R&D Management, 2009, 39 (4): 420-430.

［58］ Reynolds E B, Uygun Y. Strengthening advanced manufacturing innovation ecosystems: The case of Massachusetts ［J］. Technological Forecasting and Social Change, 2018, 136 (3): 178-191.

［59］ Riedl C , Bhmann T, Leimeister J M, et al. A framework for analysing service ecosystem capabilities to innovate ［J］. Social Science Electronic Publishing, 2010: 2097-2108.

［60］ Rip A, Kemp R. Technological change ［A］ //Rayne R S, Malone E L. Human choice and climate change. Columbus, Ohio: Battelle Press, 1998.

［61］ Ritala P, Almpanopoulou A. In defense of "eco" in innovation ecosystem ［J］. Technovation, 2017, 61 (3): 39-42.

［62］ Rogers E M. Diffusion of innovations ［M］. New York: The Free Press of Glencoe, 1962.

［63］ Rohrbeck R, Hlzle K, Gemünden H G. Opening up for competitive advantage-How deutsche telekom creates an open innovation ecosystem ［J］. R&D Management, 2009, 39 (4): 420-430.

［64］ Rong K, Lin Y, J Yu, et al. Exploring regional regional Innovation innovation ecosystemecosystem: An empirical empirical study study in China ［J］. Industry and Innovation, 2020, 28: 1-25.

［65］ Rong K. Nurturing business ecosystem from firm perspectives: Lifecycle, nurturing process, constructs, configuration pattern ［M］. Cambridge: University of Cambridge, 2011.

［66］ Russell M G, Still K, Huhtamaki J, et al. Transforming innovation ecosystems through shared vision and network orchestration ［C］ // Triple Helix IX International Conference: "Silicon Valley: Global Model or Unique Anomaly?" ［R］. Triple Helix IX International Conference, 2011.

［67］ Sachs J D, Warner A M. Natural resource abundance and economic growth ［J］. Nber Working Paper, 1995, 3: 54.

［68］ Sachs J D, Warner A M. The curse of natural resources ［J］. European Economic Review, 2001, 45 (4): 827-838.

［69］ Salaimartin X , Subramanian A . Discussion paper series addressing the natural resource curse: An illustration from Nigeria ［R］. NBER Working Paper, 2003.

［70］ Slocombe D S. Resources, people and places: Resource and environmental geography in Canada 1996-2000 ［J］. Canadian Geographer/Le Géographe Canadien, 2000, 44 (1): 56-66.

［71］ Sls A, Yz B, Yc C, et al. Enriching innovation ecosystems: The role of government in a university science park-Science direct ［J］. Global Transitions, 2019, 1: 104-119.

［72］ Smith K R. Building an innovation ecosystem: Process, culture and competencies ［J］. Industry & Higher Education, 2006, 20 (4): 219-24.

［73］ Suresh J, Ramraj R. Entrepreneurial ecosystem: Case study on the influence of environmental factors on entrepreneurial success ［J］. European Journal of Business & Management, 2012, 4 (16): 95-101.

［74］ Suseno Y, Laurell C, Sick N. Assessing value creation in digital innovation ecosystems: A social media analytics approach ［J］. The Journal of Strategic Information Systems, 2018, 27 (4): 335-349.

［75］ Traitler H, Watzke H J, Saguy I S. Reinventing R&D in an open innovation ecosystem ［J］. Journal of Food Science, 2015, 76 (2): 62-68.

［76］ Trevor M. Technology policy and economic performance. Lessons from Japan ［J］. R&D Management, 2010, 19 (3): 278-279.

［77］ Tsujimoto M, Kajikawa Y, Tomita J, et al. A review of the ecosystem concept-Towards coherent ecosystem design ［J］. Technological Forecasting and Social Change, 2017, 6 (32): 136.

［78］ Vargo S L, Lusch R F. Service-dominant logic: Continuing the evolution ［J］. Journal of the Academy of Marketing Science, 2008, 36 (1): 1-10.

［79］ Wareham J, Fox P B, Cano G J L. Technology ecosystem governance ［J］. Organization Science, 2014, 25 (4): 1195-1215.

［80］ Wei F, Feng N, Yang S, et al. A conceptual framework of two-stage partner selection in platform-based innovation ecosystems for servitization ［J］. Journal of Cleaner Production, 2020, 262: 121431.

［81］ Xavier S I M, Arvind S. Addressing the natural resource curse: An illustration from Nigeria ［J］. Journal of African Economies, 2013 (4): 570-615.

［82］ Xie X, Wang H. How can open innovation ecosystem modes push product innovation forward? An fsQCA analysis ［J］．Journal of Business Research，2020，108（10）：29-41.

［83］Yin P L，Davis J P，Muzyrua Y. Entrepreneurial innovation：Killer apps in the iPhone ecosystem ［J］．Discussion Papers，2014，104（5）：255-259.

［84］Zahra S A，Satish S，Nambisan. Entrepreneurship in global innovation ecosystems ［J］．Academy of Marketing Science Review，2011（1）：4-17.

［85］Zhou K，Gao Z，Zhao G Y H. State Ownership and firm innovation in China：An integrated view of institutional and efficiency logics ［J］．Administrative Science Quarterly，2017，62（2）：375-404.

［86］把多勋．资源依赖型产业模式与结构转换 ［J］．甘肃社会科学，1997（3）：88-91.

［87］包庆德，夏承伯．生态位：概念内涵的完善与外延辐射的拓展——纪念"生态位"提出100周年 ［J］．自然辩证法研究，2010，26（11）：43-48.

［88］北京大学企业大数据研究中心．中国区域创新创业指数 ［EB/OL］．（2020-11-27）［2022-03-05］．https：//www. cer. pku. edu. cn/.

［89］曹如中，高长春，曹桂红．创意产业创新生态系统演化机理研究 ［J］．科技进步与对策，2010，27（21）：81-84.

［90］陈畴镛，胡枭峰，周青．区域技术创新生态系统的小世界特征分析 ［J］．科学管理研究，2010（5）：17-20.

［91］陈红花，尹西明，陈劲．基于整合式创新理论的科技创新生态位研究 ［J］．科学学与科学技术管理，2019，40（5）：3-16.

［92］陈华．创新范式变革与创新生态系统建构——创新驱动战略研究的新视角 ［J］．内蒙古社会科学，2015，36（5）：125-129.

［93］陈健，高太山，柳卸林，等．创新生态系统：概念、理论基础与治理 ［J］．科技进步与对策，2016，33（17）：153-160.

［94］陈劲，童亮，周笑磊．复杂产品系统创新的知识管理：以 GX 公司为例 ［J］．科研管理，2005，26（5）：29-34.

［95］陈衍泰，孟媛媛，张露嘉，等．产业创新生态系统的价值创造和获取机制分析——基于中国电动汽车的跨案例分析 ［J］．科研管理，2015，36（1）：68-75.

［96］代冬芳，俞会新．基于哈肯模型区域创新生态系统演化动力实证分析

［J］．工业技术经济，2021，40（6）：36-42．

［97］德勤公司．中国创新崛起——中国创新生态发展报告［EB/OL］．（2019-09-26）［2022-03-05］．https：//www2. deloitte. com/cn/zh/pages/innovation/articles/china-innovation-ecosystem-development-report-2019. html.

［98］邓国营，龚勤林．创新驱动对资源型城市转型效率的影响研究［J］．云南财经大学学报，2018，34（6）：88-97．

［99］第四届长三角科技成果交易博览会．2021长三角41城市创新生态指数报告［EB/OL］．（2021-11-17）［2022-03-05］．https：//www. cnr. cn/ah/news/20211119/t20211119_525664815. shtml.

［100］杜丹丽，付益鹏，高琨．创新生态系统视角下价值共创如何影响企业创新绩效——一个有调节的中介模型［J］．科技进步与对策，2021，38（10）：1-9．

［101］段杰．粤港澳大湾区创新生态系统演进路径及创新能力：基于与旧金山湾区比较的视角［J］．深圳大学学报（人文社会科学版），2020，37（2）：91-99．

［102］高山行，谭静．创新生态系统持续演进机制——基于政府和企业视角［J］．科学学研究，2021，39（5）：900-908．

［103］高伟．如何建立基于科技自立自强的产业创新生态系统［J］．科学学研究，2021，39（5）：774-776．

［104］龚常．长株潭城市群区域产业生态创新系统仿真研究［J］．经济地理，2019，39（7）：22-30．

［105］辜胜阻，曹冬梅，杨嵋．构建粤港澳大湾区创新生态系统的战略思考［J］．中国软科学，2018，328（4）：6-14．

［106］郭丕斌，张爱琴．负责任创新、动态能力与企业绿色转型升级［J］．科研管理，2021，42（7）：31-39．

［107］郭丕斌，周喜君，李丹，等．煤炭资源型经济转型的困境与出路：基于能源技术创新视角的分析［J］．中国软科学，2013（7）：39-46．

［108］郭丕斌，李丹，周喜君．技术锁定状态下煤炭资源型经济转型的出路与对策［J］．经济问题，2015（12）：24-27．

［109］郭淑芬，裴耀琳，任建辉．基于三维变革的资源型地区高质量发展评价体系研究［J］．统计与信息论坛，2019，34（10）：27-35．

[110] 何向武，周文泳．区域高技术产业创新生态系统协同性分类评价 [J]．科学学研究，2018，36（3）：541-549.

[111] 胡斌，李旭芳．复杂多变环境下企业生态系统的动态演化及运作研究 [M]．上海：同济大学出版社，2013.

[112] 黄海霞，陈劲．创新生态系统的协同创新网络模式 [J]．技术经济，2016，35（8）：31-37.

[113] 黄鲁成，米兰，吴菲菲．国外产业创新生态系统研究现状与趋势分析 [J]．科研管理，2019，40（5）：1-12.

[114] 黄鲁成．区域技术创新生态系统的特征 [J]．中国科技论坛，2003（1）：23-26.

[115] 霍洛维茨．硅谷生态圈：创新的雨林法则 [M]．北京：机械工业出版社，2015.

[116] 姜庆国．中国创新生态系统的构建及评价研究 [J]．经济经纬，2018，185（4）：7-14.

[117] 荆立群，薛耀文．资源型地区文化产业空间集聚特征研究 [J]．经济问题，2020（5）：123-129.

[118] 克里斯多夫·弗里曼．技术政策与经济绩效：日本国家创新系统的经验 [M]．南京：东南大学出版社，2008.

[119] 孔伟，张贵，李涛．中国区域创新生态系统的竞争力评价与实证研究 [J]．科技管理研究，2019，39（4）：64-71.

[120] 孔祥龙．黄河三角洲植物群落种间相互作用研究 [D]．济南：山东大学，2016.

[121] 雷雨嫣，陈关聚，徐国东，等．技术变迁视角下企业技术生态位对创新能力的影响 [J]．科技进步与对策，2019（17）：72-80.

[122] 雷雨嫣，刘启雷，陈关聚．网络视角下创新生态位与系统稳定性关系研究 [J]．科学学研究，2019，37（3）：535-543.

[123] 李佳钰，张贵，李涛．知识能量流动的系统动力学建模与仿真研究——基于创新生态系统视角 [J]．软科学，2019，33（12）：13-22.

[124] 李其玮，顾新，赵长轶．产业创新生态系统知识优势的演化阶段研究 [J]．财经问题研究，2018（2）：48-53.

[125] 李万，常静，王敏杰，等．创新3.0与创新生态系统 [J]．科学学研

究，2014，32（12）：1761-1770.

［126］李湘桔，詹勇飞．创新生态系统—创新管理的新思路［J］．电子科技大学学报（社会科学版），2008，10（1）：45-48.

［127］李晓娣，张小燕．区域创新生态系统共生对地区科技创新影响研究［J］．科学学研究，2019，37（5）：909-918.

［128］李永波，朱方明．企业技术创新理论研究的回顾与展望［J］．西南民族学院学报（哲学社会科学版），2002，23（3）：188-191.

［129］梁林，赵玉帛，刘兵．国家级新区创新生态系统韧性监测与预警研究［J］．中国软科学，2020（7）：92-111.

［130］刘畅，李建华．五重螺旋创新生态系统协同创新机制研究［J］．经济纵横，2019（3）：122-128.

［131］刘东霞，张爱琴，陈红．山西高新技术产业发展现状评价、环境构建与政策措施［M］．北京：科学技术文献出版社，2012.

［132］刘钒，吴晓烨．国外创新生态系统的研究进展与理论反思［J］．自然辩证法研究，2017，33（11）：47-52.

［133］刘和东，陈洁．创新系统生态位适宜度与经济高质量发展关系研究［J］．科技进步与对策，2021，38（11）：1-9.

［134］刘和东，陈雷．高新技术产业集聚区生态系统演化机理研究［J］．科技管理研究，2019，39（16）：199-204.

［135］刘鸿宇，杨彩霞，陈伟，等．云计算产业集群创新生态系统构建及发展对策［J］．求索，2015，279（11）：82-87.

［136］刘静，解茹玉．创新生态系统的国内外前沿热点及可视化对比研究［J］．全球科技经济瞭望，2019（8）：60-65.

［137］刘平峰，张旺．创新生态系统共生演化机制研究［J］．中国科技论坛，2020（2）：17-27.

［138］刘晓燕，孙慧．资源型产业可持续发展影响因素波动及门槛效应检验［J］．统计与决策，2020，36（9）：101-105.

［139］刘友金，易秋平．区域技术创新生态经济系统失调及其实现平衡的途径［J］．系统工程，2005，23（10）：97-101.

［140］柳卸林，王倩．面向核心价值主张的创新生态系统演化［J］．科学学研究，2021，39（6）：962-964.

［141］柳卸林，丁雪辰，高雨辰．从创新生态系统看中国如何建成世界科技强国［J］．科学学与科学技术管理，2018，39（3）：3-15.

［142］柳卸林，孙海鹰，马雪梅．基于创新生态观的科技管理模式［J］．科学学与科学技术管理，2015（1）：20-29.

［143］罗伯特·阿特金森，史蒂芬·伊泽尔．创新经济学——全球优势竞争［M］．北京：科学技术文献出版社，2014.

［144］罗国锋，林笑宜．创新生态系统的演化及其动力机制［J］．学术交流，2015（8）：119-124.

［145］吕瑶，张爱琴．基于系统动力学的资源型地区创新生态系统运行机制及仿真——以山西省为例［J］．河南科学，2022，40（01）：113-122.

［146］吕一博，蓝清，韩少杰．开放式创新生态系统的成长基因——基于iOS、Android 和 Symbian 的多案例研究［J］．中国工业经济，2015（5）：148-160.

［147］吕一河，傅微，李婷，刘源鑫．区域资源环境综合承载力研究进展与展望［J］．地理科学进展，2018，37（1）：130-138.

［148］梅亮，陈劲，刘洋．创新生态系统：源起、知识演进和理论框架［J］．科学学研究，2014，32（12）：1771-1780.

［149］欧光军，雷霖，杨青，王龙．高技术产业集群企业创新集成能力生态整合路径研究［J］．软科学，2016，30（2）：33-38.

［150］欧忠辉，朱祖平，夏敏，等．创新生态系统共生演化模型及仿真研究［J］．科研管理，2017，38（12）：49-57.

［151］彭光华，吴文良，张法瑞．生态学的科学学研究进展［J］．中国农业大学学报（社会科学版），2003（1）：65-69.

［152］任大帅，朱斌．主流创新生态系统与新流创新生态系统：概念界定及竞争与协同机制［J］．技术经济，2018，37（2）：28-38.

［153］石博，田红娜．基于生态位态势的家电制造业绿色工艺创新路径选择研究［J］．管理评论，2018，30（2）：83-93.

［154］宋建平，郭明敏．构建山西科技创新生态系统路径研究［J］．经济问题，2018，469（9）：108-112.

［155］孙冰，徐晓菲，姚洪涛．基于 MLP 框架的创新生态系统演化研究［J］．科学学研究，2016，34（8）：1244-1254.

[156] 孙天阳, 陆毅, 成丽红. 资源枯竭型城市扶助政策实施效果、长效机制与产业升级 [J]. 中国工业经济, 2020, (7): 98-116.

[157] 孙卫东. 科技型中小企业创新生态系统构建, 价值共创与治理——以科技园区为例 [J]. 当代经济管理, 2021, 43 (5): 14-22.

[158] 孙晓华, 郑辉. 资源型地区经济转型模式: 国际比较及借鉴 [J]. 经济学家, 2019, 251 (11): 106-114.

[159] 汤临佳, 郑伟伟, 池仁勇. 创新生态系统的理论演进与热点前沿: 一项文献计量分析研究 [J]. 技术经济, 2020, 39 (7): 1-9.

[160] 田学斌, 柳天恩, 武星. 雄安新区构建创新生态系统的思考 [J]. 行政管理改革, 2017, 7 (4): 18.

[161] 王德鲁, 张米尔. 强相关型产业转型企业技术能力发展的路径选择 [J]. 科学学与科学技术管理, 2005, 26 (11): 85-88.

[162] 王德起, 何晶彦, 吴件. 京津冀区域创新生态系统: 运行机理及效果评价 [J]. 科技进步与对策, 2020, 37 (10): 53-61.

[163] 王宏起, 刘梦武. 区域战略性新兴产业创新生态系统稳定水平评价研究 [J]. 科技进步与对策, 2020, 37 (12): 118-125.

[164] 王宏起, 刘梦, 李玥, 等. 结构平衡目标下区域战略性新兴产业创新生态系统科技资源配置模型 [J]. 中国科技论坛, 2018, 271 (11): 35-43.

[165] 王娜, 王毅. 产业创新生态系统组成要素及内部一致模型研究 [J]. 中国科技论坛, 2013, 1 (5): 24-30.

[166] 王其藩. 系统动力学 [M]. 北京: 清华大学出版社, 1988.

[167] 王忍忍. 种间相互作用与种间功能特征差异、谱系距离关系的检验——以天童乔木幼苗实验为例 [D]. 上海: 华东师范大学, 2018.

[168] 王帅, 周明生, 钟顺昌. 资源型地区制造业集聚对产业结构升级的影响研究——以山西省为例 [J]. 经济问题探索, 2020 (2): 85-93.

[169] 王霞, 李雪, 郭兵. 基于 SD 模型的文化产业创新生态系统优化研究——以上海市为例 [J]. 科技进步与对策, 2014, 31 (24): 64-70.

[170] 王小洁, 刘鹏程, 许清清. 构建创新生态系统推进新旧动能转换: 动力机制与实现路径 [J]. 经济体制改革, 2019, 219 (6): 12-18.

[171] 王旭娜, 盛永祥, 谭清美, 等. 基于动态博弈视角的企业与研发机构合作策略研究 [J]. 管理评论, 2020, 32 (2): 165-173.

［172］王旭燕，叶桂方．大学创业生态系统构建机制研究——以加州大学洛杉矶分校为例［J］．中国高教研究，2018（2）：36-41.

［173］王卓，王宏起，李玥．产业联盟创新生态系统领域主题演化轨迹研究［J］．科学学研究，2020，252（4）：150-160.

［174］魏江，赵雨菡．数字创新生态系统的治理机制［J］．科学学研究，2021，39（6）：965-969

［175］魏云凤，史文雷，阮平南．基于演化博弈的企业创新网络协同行为及提升策略研究［J］．数学的实践与认识，2019（23）：18-30.

［176］吴菲菲，童奕铭，黄鲁成．中国高技术产业创新生态系统有机性评价——创新四螺旋视角［J］．科技进步与对策，2019，23（10）：1-10.

［177］吴菲菲，童奕铭，黄鲁成．组态视角下四螺旋创新驱动要素作用机制研究——基于中国30省高技术产业的模糊集定性比较分析［J］．科学学与科学技术管理，2020，41（7）：62-77.

［178］吴绍波，顾新．战略性新兴产业创新生态系统协同创新的治理模式选择研究［J］．研究与发展管理，2014，26（1）：13-21.

［179］吴卫红，陈高翔，张爱美．基于状态模型的政产学研资协同创新四螺旋影响因素实证研究［J］．科技进步与对策，2018，35（6）：21-28.

［180］武翠，谭清美．长三角一体化区域创新生态系统动态演化研究——基于创新种群异质性与共生性视角［J］．科技进步与对策，2021，38（5）：38-47.

［181］肖新军，张治河，易兰．试论创新系统的客观性［J］．科研管理，2021，42（2）：64-76.

［182］徐君，任腾飞，戈兴成，等．资源型城市创新生态系统的驱动效应分析［J］．科技管理研究，2020，40（10）：26-35.

［183］许冠南，周源，吴晓波．构筑多层联动的新兴产业创新生态系统：理论框架与实证研究［J］．科学学与科学技术管理，2020（7）：98-115.

［184］薛澜，姜李丹，余振．如何构筑多元创新生态系统推动科技创新促进动能转换？——以黑龙江省为例的实证分析［J］．中国软科学，2020，353（5）：28-36.

［185］颜永才．产业集群创新生态系统的构建及其治理研究［D］．武汉：武汉理工大学，2013.

[186] 杨怀佳，张波．开放条件下资源型地区经济转型能力影响因素研究 [J]．经济问题，2019（10）：103-112.

[187] 杨林，高宏霞．经济增长是否能自动解决环境问题——倒 U 型环境库兹涅茨曲线是内生机制结果还是外部控制结果 [J]．中国人口·资源与环境，2012，22（8）：160-165.

[188] 姚艳虹，高晗，昝傲．创新生态系统健康度评价指标体系及应用研究 [J]．科学学研究，2019，37（10）：1892-1901.

[189] 尤建新，宋燕飞，邵鲁宁，等．创新生态系统研究脉络梳理及理论框架构建 [J]．产业经济评论，2015，14（2）：78-89.

[190] 于超，朱瑾．企业主导逻辑下创新生态圈的演化跃迁及其机理研究——以东阿阿胶集团为例的探索性案例研究 [J]．管理评论，2018，30（12）：285-300.

[191] 虞佳，朱志强．基于生态学理论的产学研协同创新研究 [J]．科技通报，2013，29（7）：225-230.

[192] 张爱琴，陈红．产学研知识创新网络的协同创新评价研究 [J]．中北大学学报（社会科学版），2009，25（4）：44-47.

[193] 张爱琴，陈红．创新方法应用促进自主创新能力提升的路径研究 [J]．科学学研究，2016，34（5）：757-764.

[194] 张爱琴，郭丕斌．负责任创新视角下煤炭产业政策回溯、解构及对策 [J]．煤炭工程，2020（11）：180-186.

[195] 张爱琴，侯光明，陈红．创新方法铺就创新之路——以吉利为例 [J]．科技管理研究，2013，33（278）：17-20.

[196] 张爱琴，侯光明，李存金．面向工程技术项目的群体创新方法集成研究 [J]．科学学研究，2014，32（2）：297-304.

[197] 张爱琴，侯光明，王兆华．基于创新项目过程管理的方法集成应用研究 [J]．科技进步与对策，2011，22（28）：1-4.

[198] 张爱琴，侯光明．创新方法研究的比较分析与发展趋势——基于多学科视角 [J]．北京理工大学学报（社会科学版），2014，16（2）：59-63.

[199] 张爱琴，侯光明．工程技术项目创新机理研究——兼论创新方法的驱动作用 [J]．科技管理研究，2015，35（24）：13-18.

[200] 张爱琴，侯光明．加强军工高技术创新方法应用，提升国防科技自主

创新能力 [J]. 兵工学报, 2011 (1): 226-229.

[201] 张爱琴, 薛碧薇, 郭丕斌. 能源政策与能源产业绿色创新的耦合协调研究 [J]. 湖北农业科学, 2020, 9 (20): 200-204.

[202] 张爱琴, 薛碧薇, 王庆潭. 知识产权对科技型中小企业经营绩效的差异性影响——基于资源型省份 2418 家企业的实证研究 [J]. 河南科学, 2021, 39 (1): 140-147.

[203] 张爱琴, 薛碧薇, 张海超. 中国省域创新生态系统耦合协调及空间分布分析 [J]. 经济问题, 2021 (6): 98-105.

[204] 张爱琴, 俞立平, 赵公民. 科技评价中加权 TOPSIS 的权重可靠吗? ——基于分子加权 TOPSIS 法的改进 [J]. 现代情报, 2018, 38 (11): 50-56.

[205] 张爱琴. 工程技术项目中群体创新方法集成研究 [M]. 北京: 科学技术文献出版社, 2014.

[206] 张爱琴. 基于 EFCE 的创新方法集成应用的评价与实证分析——以中航工业集团创新方法应用为例 [J]. 数学的实践与认识, 2015, 45 (23): 129-137.

[207] 张爱琴. 基于县域经济范围的山西中小企业产业集聚度研究 [J]. 中北大学学报 (社会科学版), 2007, 4 (23): 60-64.

[208] 张爱琴. 山西中小企业集群空间分布格局与发展对策 [J]. 山西高等学校社会科学学报, 2008, 9 (20): 55-57.

[209] 张爱琴. 山西省中小企业产业集群集聚度研究 [A] //顾群. 中国产业集群 (第五辑). 北京: 机械工业出版社, 2006: 31-41.

[210] 张复明. 资源型区域面临的发展难题及其破解思路 [J]. 中国软科学, 2011 (6): 1-9.

[211] 张贵, 郭婷婷. 创新生态系统与我国高新技术产业战略选择 [J]. 科技与经济, 2016, 29 (5): 15-19.

[212] 张贵, 吕长青. 基于生态位适宜度的区域创新生态系统与创新效率研究 [J]. 工业技术经济, 2017, 36 (10): 12-21.

[213] 张丽萍. 从生态位到技术生态位 [J]. 科学学与科学技术管理, 2002 (3): 23-25.

[214] 张利飞, 吕晓思, 张运生. 创新生态系统技术依存结构对企业集成创新竞争优势的影响研究 [J]. 管理学报, 2014, 11 (2): 229-237.

［215］张米尔，孔令伟．资源型城市产业转型的模式选择［J］．西安交通大学学报（社会科学版），2003（1）：29-31.

［216］郑帅，王海军．模块化下企业创新生态系统结构与演化机制——海尔集团2005-2019年的纵向案例研究［J］．科研管理，2021，42（1）：33-46.

［217］周青，陈畴镛．中国区域技术创新生态系统适宜度的实证研究［J］．科学学研究，2008，26（1）：242-246.

［218］周全．生态位视角下企业创新生态圈形成机理研究［J］．科学管理研究，2019，37（3）：119-122.

［219］朱润钰．生态位、城市生态场势等城市生态学概念研究综述［J］．安徽农业科学，2007，35（36）：3.

［220］邹晓东，王凯．区域创新生态系统情境下的产学知识协同创新：现实问题、理论背景与研究议题［J］．浙江大学学报（人文社会科学版），2016，46（6）：5-18.